Msughter Emmanuel Gyulen
Verse Vitalis Mwekaven
Timothy Terhide Msember

A biotecnologia moderna e a santidade da vida humana

Msughter Emmanuel Gyulen
Verse Vitalis Mwekaven
Timothy Terhide Msember

A biotecnologia moderna e a santidade da vida humana

Uma análise crítica

ScienciaScripts

Imprint

Cover image: www.ingimage.com

This book is a translation from the original published under ISBN 978-613-9-83246-0.

Publisher:
Sciencia Scripts
is a trademark of
Dodo Books Indian Ocean Ltd. and OmniScriptum S.R.L publishing group

120 High Road, East Finchley, London, N2 9ED, United Kingdom
Str. Armeneasca 28/1, office 1, Chisinau MD-2012, Republic of Moldova, Europe
Printed at: see last page
ISBN: 978-620-8-29421-2

A biotecnologia moderna e a santidade da vida humana

Uma análise crítica

Msughter Emmanuel Gyulen
Chiji14xchange, Lagos, Nigéria
gyulenemman uel@gmail.com
+234 706 556 2219

Verso Vitalis Mwekaven

Universidade Estatal de Benue, Makurdi, Nigéria
versevitalis32@gmail.com
+234 816 305 2089

&

Timothy Terhide Membro

Fidei Polytechnic, Gboko, Nigéria

+234 810 604 8499

Visão geral

Este livro analisa o profundo impacto da biotecnologia moderna na santidade da vida humana através de uma perspetiva histórica, expositiva e analítica. Ao explorar a forma como actividades como a engenharia genética, a clonagem e a maternidade de substituição remodelam as nossas percepções da existência humana, o livro destaca a potencial erosão desta santidade. Sem contemplação ética, as sociedades correm o risco de sucumbir a um estado biotecnocrático que mina o bem-estar humano. O controlo da biotecnologia sobre a identidade pessoal, a parentalidade e a liberdade reprodutiva coloca ameaças existenciais, exigindo uma comunicação transparente entre as partes interessadas para salvaguardar o futuro da humanidade da auto-alienação e da auto-extinção face ao avanço das tecnologias.

Palavras-chave: Biotecnologia, santidade, impacto, vida humana, comunicação.

CAPÍTULO I:
INTRODUÇÃO

1.1 Antecedentes do estudo

Com o ditado becconiano "Saber é poder", os cientistas percorreram uma longa distância para melhorar o estado do ambiente e, em seguida, renovar a qualidade da vida humana. Assistimos atualmente a um grande e extraordinário progresso das ciências biotecnológicas e da medicina. Este grande avanço na medicina e nas ciências biotecnológicas proporcionou aos seres humanos um novo padrão de vida. No entanto, estes esforços dos cientistas e biotecnólogos abriram caminho para o alargamento das investigações científicas sobre a pessoa humana. Assim, a grande questão que se coloca é a seguinte: Estas descobertas científicas e biológicas são uma bênção ou uma causa para a humanidade?

Atualmente, podemos falar de manipulações da constituição genética humana. Os biotecnólogos e cientistas modernos alteraram o status quo da biologia e da medicina. Atualmente, nas ciências biotecnológicas, ouvimos falar de micro-cirurgias num embrião de duas semanas (David, 5). Uma célula estaminal de um embrião humano pode agora transformar-se em células do coração, dos rins ou de qualquer outro órgão importante e substituir qualquer célula danificada do corpo humano, proporcionando assim a oportunidade de fabricar peças espaciais humanas. Os cientistas que afirmam produzir embriões humanos através destes meios, lançaram a humanidade inteira e a comunidade científica na confusão sobre quando começa a vida humana.

[st]Houve um grande avanço na ciência e na tecnologia no século XXI, que inclui as mudanças prodigiosas na engenharia genética, como as experiências com fetos humanos, a eugenia, a esterilização, a fertilização in vitro, o aborto, a maternidade de substituição e a clonagem. Há também a questão da modificação humana, como a cirurgia plástica, a mudança de sexo e a preservação e comercialização de órgãos e embriões humanos que são agora estranhas possibilidades científicas (Cell, 353). Todas estas questões são objeto de debates bioéticos e de controvérsias no domínio das ciências biotecnológicas e da medicina, que suscitam a sua crítica. Tais questões, como as anteriores, levantam questões éticas, morais, religiosas, culturais e de saúde. Quando é que começa a vida humana? Qual é o estatuto do embrião humano? O embrião humano é uma pessoa? O embrião humano tem direitos legais e morais? Todas estas são questões éticas básicas e críticas que vieram à tona devido às actividades dos cientistas e biotecnólogos sobre a pessoa humana. Na sequência disto, muitas pessoas e académicos opõem-se a estas tendências de desenvolvimento, a fim de defender a vida humana e, assim, restaurar a dignidade humana. Académicos como Nicholas Agar, Steven Malby, Karol wotyla e Francis Fukuyama, entre outros, defendem, nas suas várias obras, que a biotecnologia acabará por levar à destruição da essência humana e, consequentemente, do valor inerente ao indivíduo (Fukuyama, 149).

Neste trabalho, procurar-se-á explorar a questão da biotecnologia. De facto, a questão central é: a biotecnologia deve ser moral e culturalmente aceite no nosso mundo contemporâneo? Para além disso, os cientistas e biotecnólogos desenvolveram métodos artificiais de criação de seres humanos. Isto afecta o início da vida humana, bem como a qualidade e o fim da vida humana. A questão é que as actividades biotecnológicas envolvem a criação e a destruição intencionais de seres humanos em nome da salvação da vida de outros. Será que matar a vida de uma pessoa para salvar a de outra é moralmente bom? Esta é uma questão ética fundamental que fundamenta a crítica. De acordo com o Papa João Paulo II, "o que é tecnicamente possível nem sempre é moralmente admissível". Assim, no seu discurso no Congresso Internacional sobre os Transplantes em 2000-AUS, afirma: "Os métodos médicos que não respeitam a dignidade e o valor da pessoa devem ser sempre evitados. Neste trabalho, portanto, tentar-se-á examinar eticamente o desenvolvimento da biotecnologia em relação à santidade da vida humana como criação natural de Deus e também criticar o ato através de premissas lógicas, religiosas, sanitárias e sociais para reforçar a malícia do ato da biotecnologia (Coughlin, 56).

1.2 Declaração do problema

A prática da biotecnologia tem levantado muitas questões controversas relativamente à santidade da vida humana na época contemporânea. Na realidade, as actividades biotecnológicas envolvem a criação e a destruição intencionais da vida humana, quer através da clonagem, da fertilização in vitro ou de outras dimensões. A Associação Americana para o Avanço das Ciências afirma que não só a maioria das tentativas de clonagem de mamíferos falham, como cerca de 30 por cento dos clones nascidos vivos são afectados pela síndrome da prole grande e outras condições debilitantes (Bertrand, 133). Vários animais clonados morreram prematuramente devido a infecções e outras complicações, e a tentativa de clonar seres humanos neste momento é considerada potencialmente perigosa e eticamente impossível. No entanto, há uma diversidade de opiniões sobre a natureza e os impactos da biotecnologia na santidade humana. A sua moralidade tem sido posta em causa por muitos académicos, como Nicholas Agar, Francis Fukuyama e Karol Wojtyla, para mencionar apenas alguns. Embora cada argumento tenha algum interesse a proteger, o único interesse de manter segura a dignidade dos seres humanos é o mais aceite com base no nosso estudo. A questão fundamental é a seguinte: devem os seres humanos aceitar as actividades biotecnológicas? Este é um problema que requer uma atenção urgente nos estudos biotecnológicos, médicos e filosóficos. Neste domínio, é necessário redefinir o estatuto da pessoa humana. A pessoa humana está a perder gradualmente a sua dignidade e santidade através da utilização do embrião humano apenas como um objeto de experimentação. A santidade profundamente imbricada no carácter único da pessoa faz com que o ser humano se distinga de todas as outras criaturas. A atividade da biotecnologia é um verme canceroso que se alimenta profundamente e vem combater a preciosa dignidade da vida humana no mundo contemporâneo.

1.3 Objectivos do estudo

O principal objetivo deste estudo é oferecer uma crítica sobre a biotecnologia e a dignidade humana. Os objectivos específicos que o estudo pretende alcançar incluem:

i. Identificar os problemas percebidos associados à biotecnologia;

ii. Avaliar a santidade da vida humana envolvida na biotecnologia;

iii. Examinar as implicações morais, jurídicas e religiosas da biotecnologia;

iv. Crítica da ciência da biotecnologia na sociedade contemporânea.

1.4 Importância do estudo

Este trabalho de investigação é significativo de duas formas: teoria e prática social. A nível teórico, este trabalho é significativo na medida em que constitui um contributo para a literatura existente sobre a biotecnologia moderna, na medida em que afecta a santidade da vida humana. Também a este nível, o trabalho será relevante para qualquer académico ou estudioso que deseje iniciar estudos em áreas de estudo semelhantes ou relacionadas com esta. O trabalho também servirá como material de referência para os estudantes.

A nível prático, deseja-se que os conhecimentos adquiridos a nível teórico, se utilizados adequadamente pelos especialistas em ética, contribuam para reforçar a santidade da vida humana no que respeita à investigação e à prática científica, biotecnológica e médica. Poderá também servir como instrumento de esclarecimento do público em geral sobre as questões e as consequências das actividades biotecnológicas.

1.5 Justificação do estudo

Este trabalho de investigação justifica-se pela sua vitalidade para o cientista, o governo, os agricultores e outros indivíduos que beneficiam direta ou indiretamente da biotecnologia. A produção de novos instrumentos e produtos desenvolvidos pela biotecnologia são úteis na investigação, na agricultura, na indústria e na clínica. Este trabalho de investigação justifica-se pelo facto de ajudar os cientistas das profissões médicas e dos laboratórios a conhecerem o efeito da biotecnologia na produção de medicamentos e vacinas para combater as doenças. O estudo também indica que, apesar da importância da biotecnologia no sector agrícola, ao aumentar o rendimento e ajudar na produção em massa e ao prevenir os danos causados por insectos e pragas, ao mesmo tempo que reduz o impacto da agricultura no ambiente, o que é importante para os agricultores que não podem suportar os elevados custos da agricultura, e pode ajudar os agricultores dos países em desenvolvimento, há também, normalmente, uma consequência associada a estas boas obras. O estudo também esclareceu e sensibilizou o governo, que tem a ver com o líder e o público em geral, sobre a utilidade ou vitalidade da biotecnologia, como a produção de medicamentos, vacinas para doenças, mas também prejudica ao destruir a nação através do bioterrorismo.

1.6 Metodologia do estudo

Esta investigação é uma investigação qualitativa e, como tal, utiliza o método de análise textual como método de recolha de dados e, em seguida, utiliza os métodos histórico, expositivo e analítico na análise dos dados do trabalho.

O método analítico é utilizado para expor a natureza e os antecedentes da biotecnologia, reconhecendo ao mesmo tempo os perigos da biotecnologia e retirando também algumas implicações. Por outro lado, o método analítico é utilizado para analisar alguns dos argumentos a favor da biotecnologia. O método expositivo é utilizado para pôr a nu os efeitos da biotecnologia sobre a santidade da vida humana no mundo contemporâneo, enquanto o método histórico é utilizado para analisar as diversas opiniões de diferentes académicos, escritores e filósofos sobre a biotecnologia e as suas implicações sobre a santidade da vida humana. Os dados relevantes para este estudo foram obtidos em livros, revistas e na Internet.

1.7 Âmbito do estudo

Como já foi referido, as descobertas das biotecnologias modernas são demasiado vastas. Tentou-se restringir o tema a certos aspectos como a clonagem, a engenharia genética, a barriga de aluguer e as suas várias consequências/implicações e perigos. Reconhecendo o facto de que o ser humano não é o objeto da investigação científica e biotecnológica. Por conseguinte, este trabalho basear-se-á numa crítica construtiva dos efeitos da biotecnologia moderna sobre a santidade da vida humana. Esta investigação centrar-se-á principalmente na crítica filosófica e ética da biotecnologia moderna. Uma vez que nenhum investigador se pode gabar de esgotar completamente o seu tema, este trabalho também não pretende fazer uma crítica exaustiva da biotecnologia. Trata-se apenas de uma contribuição para os problemas contemporâneos da bioética. São feitos todos os esforços para oferecer explicitamente uma crítica, indicando as implicações éticas e os perigos da biotecnologia.

1.8 Organização do estudo

O trabalho está dividido em cinco capítulos e subsecções para facilitar a compreensão. O primeiro capítulo trata da introdução geral, que estabelece o quadro metodológico. O capítulo dois faz uma revisão da literatura relevante no que se refere ao nosso tema de discurso. O capítulo três é a espinha dorsal do trabalho. Trata do significado e dos antecedentes históricos da biotecnologia. Além disso, as razões, os métodos e os perigos da biotecnologia são igualmente destacados neste capítulo. O foco do capítulo é a singularidade da pessoa humana, que tenta radiografar o estatuto jurídico e moral do membro não nascido da família humana. Este objetivo é realizável através de uma análise de diversos debates sobre biotecnologia. O capítulo quatro começa com uma avaliação da biotecnologia e da santidade humana, com uma crítica total, através de pontos de vista jurídicos, sanitários, religiosos e morais, das actividades da biotecnologia. Todo o trabalho é encerrado no capítulo cinco, que se centra no resumo e na conclusão.

1.9 Definição de termos relevantes

Biotecnologia: A biotecnologia é a utilização de sistemas e organismos vivos para desenvolver ou fabricar produtos, ou qualquer aplicação tecnológica que utilize sistemas biológicos, organismos vivos ou derivados para fabricar ou modificar produtos ou processos para uma utilização específica (Theresa, 1).

Santidade humana: é a crença de que todas as pessoas têm um valor especial que está ligado apenas à sua humanidade. Não tem nada a ver com a sua classe, raça, sexo, religião, capacidades ou qualquer outro fator que não seja o facto de serem humanos. A santidade/dignidade humana refere-se ao reconhecimento inerente das pessoas em relação ao respeito que lhes é devido pela sua natureza de seres com corpo e alma. Nesta perspetiva, afirma os direitos que os seres humanos possuem em si mesmos, valores especiais que são muito intrínsecos à sua humanidade e, como tal, são dignos de respeito pelo simples facto de serem seres humanos. Trata-se de uma qualidade inerente a todos os seres humanos enquanto imagem de Deus. A implicação desta qualidade inalienável está assim consagrada no princípio de que todos os seres humanos, independentemente da idade, capacidade, estatuto, género, etnia, etc., devem ser tratados com respeito sem reservas (Ibekwe, 40).

CAPÍTULO DOIS : REVISÃO DA LITERATURA

2.1. Revisão da literatura relacionada:

Este estudo centrar-se-á no que os filósofos investigaram e articularam anteriormente sobre o lugar da biotecnologia na história da vida em relação à biotecnologia, como a clonagem e a barriga de aluguer, enquanto, por outro lado, se centrará na santidade da vida humana.

Tomás de Aquino, na *Summa Theologae*, afirma que o Homem tem dignidade porque é uma pessoa. Segundo São Tomás, a "pessoa" refere-se ao que há de mais perfeito em toda a natureza, ou seja, ao que subsiste na natureza racional. Ora, como Deus tem todas as perfeições e nós lhe atribuímos todas as perfeições, então é correto usar a palavra pessoa quando falamos dele. No entanto, também podemos usar o termo pessoa para outras substâncias racionais num sentido inferior. Ele atribuiu o nome de pessoa a seres individuais com natureza racional. Ele escreveu:

> Por isso, é-lhe dado um nome especial entre todas as outras substâncias a seres individuais com uma natureza racional, e este nome é "pessoa". Assim, nesta definição de pessoa, o tern "substância individual" é utilizada para designar um ser singular na categoria das substâncias; "natureza racional" é acrescentada para designar o ser singular entre as substâncias racionais(18)

Por conseguinte, a pessoa humana não é apenas um conceito metafísico. Pelo contrário, a pessoa humana é o indivíduo humano concreto, existente. A pessoa humana denota a presença de um indivíduo humano vivo. Mas o conceito metafísico de pessoa denota a essência da pessoa, em virtude da qual a pessoa é pessoa. Temos de notar que o conceito metafísico de pessoa não é apenas um conceito entre muitos tipos diferentes de conceitos universais na mente, mas é um conceito que representa a realidade metafísica da pessoa no mundo real. Enquanto conceito, o conceito de pessoa é universal e, por isso, tem de ser abstrato. Por isso, o conceito de pessoa exprime apenas de forma abstrata e universal o que é a pessoa individual. Como é sabido, S. Tomás seguiu a definição de pessoa de Boécio. De acordo com Boécio, a pessoa é uma substância individual de natureza racional. A substância é um ser que é completo em si mesmo, de modo que existe independentemente. É aquilo que perdura na mudança e é objeto de propriedades e operações. A definição boethiana de pessoa denota a estrutura ontológica ou a essência de uma pessoa. Trata-se, portanto, de uma determinação essencial e não de uma determinação existencial. (Tomás, 1) No entanto, as categorias e os princípios da metafísica realista e existencialista de S. Tomás fazem sobressair o aspeto existencial da pessoa humana. A pessoa é um ser espiritual, um ser com alma e essência racional e intelectiva. Por conseguinte, a pessoa e o ser espiritual significam ontologicamente o mesmo. O grau e o tipo de personalidade de uma pessoa correspondem à espiritualidade de um ser espiritual. Assim, a pessoa humana e o ser espiritual humano também significam ontologicamente uma e a mesma coisa. E na hierarquia dos seres, o homem é a pessoa mais baixa, o ser espiritual mais baixo(2). A definição boethiana de pessoa é simples, mas profunda em seu significado. Embora tenha havido muitas definições ou explicações sobre a essência da pessoa, esta definição, embora demasiado abstrata, tem validade mesmo nos nossos dias. São Tomás aceitou esta definição. Mas há outros que a rejeitam por várias razões, argumentando que o homem é um mistério que desafia qualquer definição, que a pessoa é indefinível e, finalmente, que a definição metafísica ou o conceito de pessoa é abstrato e, portanto, inadequado para designar o indivíduo humano concreto. De facto, o homem é um mistério, um paradoxo em si mesmo, mas dizer que ele é indefinível, no sentido de que não podemos dizer nada de sensato sobre a sua essência, é absurdo(3). Reconhecemos a limitação de uma definição metafísica, uma vez que o homem não é apenas um conceito e não é simplesmente uma realidade metafísica, mas um indivíduo humano concreto, então uma definição metafísica é inadequada. É por isso que temos de mostrar e definir o homem, a pessoa humana em condições concretas e humanas. Isto não quer dizer que tenhamos de abandonar completamente a metafísica, pois, afinal, o homem é um ser.

Além disso, a Santidade da Vida Humana está enraizada na personalidade do homem; a dignidade do homem baseia-se na sua essência espiritual. Como já mencionámos, a imaterialidade ou espiritualidade do homem significa a atualidade do homem. Esta, por sua vez, significa o ser e a perfeição. Assim, a espiritualidade da alma humana significa a sua atualidade e, com ela, o seu ser e a sua perfeição. A dignidade humana é, portanto, fundada na espiritualidade da essência humana como o princípio da atualidade. A dignidade humana é a expressão do alto grau de ser, atualidade e perfeição que a essência humana possui (4). Em última análise, a dignidade humana é então fundada em, e a expressão de, o ser, a atualidade e a perfeição do homem como um ser espiritual. Mas tal essência, ser e perfeição, não procedem do próprio homem, mas de um Ser Divino que é a fonte da perfeição e do ser. A dignidade do homem do homem, então, embora fundamentada em sua essência como pessoa, adquire um significado maior porque veio de uma fonte divina. A essência pessoal do homem é uma participação da essência pessoal divina, pelo que a sua dignidade é uma participação da dignidade divina(5). S. Tomás explica esta participação da dignidade divina através da sua noção do homem como um ser criado à imagem e semelhança de Deus.

Para além disso, o autor explica ainda porque é que o homem é visto como Homem enquanto Imago Dei : O fundamento último da dignidade humana. Em que sentido é que o homem é criado à imagem e semelhança de Deus? Em que sentido é que participamos na dignidade do divino? São Tomás fornece-nos o fundamento filosófico e a explicação para estas afirmações. Ele escreveu:

> . . todas as criaturas são imagens do primeiro agente, ou seja, de Deus, porque o primeiro agente produz o seu semelhante. Ora, a perfeição da imagem está em reproduzir o original por semelhança, e é por isso que a imagem é feita. Assim, todas as coisas são feitas para adquirir como fim último a semelhança divina (52)

Por conseguinte, embora todas as criaturas tenham alguma semelhança com Deus, só na criatura racional encontramos uma semelhança com Deus à maneira de uma imagem; as outras coisas assemelham-se a Ele à maneira de um traço. (53) Por isso, Deus existe nas coisas de duas maneiras: primeiro como causa operativa, e deste modo existe em tudo o que cria, e depois, de modo especial, nas criaturas racionais que o conhecem e amam efetivamente ou estão dispostas a isso. (54) São Tomás escreveu ainda:

> O homem é feito à imagem de Deus, e como isso implica, como nos diz Damasceno, que ele é inteligente e livre para julgar e dominar-se a si mesmo, então, agora que concordámos que Deus é a causa exemplar das coisas e que elas emanam do seu poder através da sua vontade, passamos a olhar para esta imagem, isto é, para o homem como fonte de acções que lhe são próprias e que estão sob a sua responsabilidade e controlo(55).

É igualmente claro que o homem é feito à imagem de Deus. A semelhança com Deus em termos de imagem significa que o facto de ele ser à imagem de Deus significa a sua capacidade de compreensão e de tomar decisões livres no domínio de si próprio". Enquanto que em termos de semelhança significa que "ele é à sua semelhança refere-se à semelhança da virtude divina, na medida em que ela pode estar no homem" (56). Este trabalho tem como objetivo dar uma visão da noção de personalidade, uma vez que dá uma imagem clara da importância da santidade da vida humana, que é discutida no Capítulo 4 (4) deste trabalho de investigação.

Nobuo Kurata, em *Biotecnologia e Dignidade Humana,* dá uma imagem clara do estatuto do embrião humano, afirmando que não podemos tratar um embrião humano como "matéria", tal como outros tecidos e células do corpo (por exemplo, sangue e pele). Isto porque o embrião humano se tornará um feto e, por sua vez, um bebé, que é o processo do ser humano. Para além disso, a biotecnologia conduz por vezes à exploração do corpo feminino. Por exemplo, são necessárias dezenas de óvulos não fertilizados para fazer um embrião humano clonado e para obter células estaminais embrionárias(35), mas como é que os investigadores os obtêm e de quem? Talvez alguns investigadores sem escrúpulos se sintam tentados a comprar óvulos a mulheres de países em desenvolvimento para a investigação de células estaminais embrionárias. O relatório vai ainda mais longe para mostrar que a dignidade humana é a base dos direitos humanos, afirmando que, tanto no Ocidente como no Oriente, o valor da "dignidade" (dignitas ou "songen") era considerado um valor que pertencia apenas aos homens nobres. Atualmente, porém, considera-se que todas as pessoas são dotadas de dignidade, independentemente do seu estatuto social ou nascimento. O conceito de dignidade humana implica que todas as pessoas são dotadas de dignidade universalmente, independentemente do seu estatuto social ou nascimento. O conceito de dignidade humana implica que todas as pessoas são iguais em direitos e no seu valor, independentemente do seu estatuto e acrescentou que, no entanto, não podemos atribuir a um embrião os mesmos direitos concedidos a uma pessoa adulta. É impossível afirmar que os embriões podem reivindicar o mesmo respeito e proteção que os seres humanos adultos (43). Este livro conclui que é quando um embrião se torna uma entidade que pode ser chamada de "pessoa" no futuro, que atribuímos uma espécie de valor moral a um embrião. Um embrião não é apenas um amontoado de células. Se for implantado num útero, um embrião cresce e torna-se um bebé. O futuro de um embrião depende de nós, mas não da mesma forma que o dos nossos filhos, mas de uma forma mais abstrata. No entanto, temos uma responsabilidade para com um ser tão vulnerável. O que temos de perguntar não é se um embrião tem ou não dignidade humana, mas que atitude devemos ter em relação a um embrião.

Este livro é muito relevante para este trabalho porque faz uma revisão sobre Biotecnologia e dignidade humana, que é o foco deste trabalho de investigação. No entanto, este livro é relevante para este trabalho e será utilizado para explorar a natureza e as implicações da biotecnologia para a santidade humana.

De acordo com Andrew Karvonen, em "Biotechnology: Its Structure, Organization, and Control", definiu a biotecnologia como a aplicação da ciência e da tecnologia aos organismos vivos e partes relacionadas dos mesmos, incluindo a utilização de organismos ou sistemas vivos para o fabrico de produtos e a modificação de organismos ou sistemas vivos para utilizações específicas(14). Existem certos instrumentos e técnicas utilizados nas actividades biotecnológicas que incluem a tecnologia do ADN recombinante, que permite aos cientistas manipular e inserir genes nos organismos; a engenharia genética, que permite aos cientistas criar novos organismos com caraterísticas específicas. É o processo de alteração do código genético de um organismo com o objetivo de mudar as suas caraterísticas. Isto é feito através da manipulação do ADN do organismo. É um instrumento poderoso que pode ser utilizado para criar novos organismos com caraterísticas específicas, como a resistência a doenças ou a capacidade de produzir uma determinada substância (34). Por exemplo, a engenharia genética tem sido utilizada para criar estirpes de bactérias capazes de produzir insulina; e a sequenciação de genes, que é o processo de determinar a sequência de bases numa molécula de ADN. É como ler o código de uma molécula de ADN, letra a letra. Isto permite aos cientistas identificar os genes específicos que estão presentes num organismo e estudar a forma como esses genes são expressos. A sequenciação de genes é uma ferramenta importante para estudar a base genética das doenças e para compreender como os genes estão envolvidos no desenvolvimento e na função dos seres vivos, o que permite aos cientistas ler e analisar o código genético de um organismo. (52). Além disso, no fabrico de produtos, como a utilização de bactérias para produzir medicamentos. Algumas bactérias são geneticamente modificadas para poderem produzir proteínas ou substâncias químicas específicas. Estas proteínas ou substâncias químicas podem depois ser purificadas e utilizadas como medicamentos. Por exemplo, as bactérias são utilizadas para produzir insulina, que é uma hormona que regula os níveis de açúcar no sangue e é essencial para o tratamento da diabetes, e outros medicamentos, como a hormona de crescimento humano e os factores de coagulação, que são utilizados para tratar doenças do sangue (53). Tradicionalmente, a insulina era extraída do pâncreas de porcos e vacas, mas este processo era moroso e dispendioso. Atualmente, a insulina pode ser produzida utilizando bactérias geneticamente modificadas, o que tornou o processo de produção muito mais eficiente(55).

No entanto, Micheal D. Purugganan em "Genetic: From Genes to Genome" definiu a biotecnologia como "a utilização de sistemas ou organismos biológicos para qualquer fim tecnológico"(1). Esta definição abrange uma vasta gama de tecnologias, desde a utilização de enzimas na indústria até à criação de organismos geneticamente modificados para a agricultura. O autor subdividiu a biotecnologia em duas categorias: a biotecnologia agrícola e a biotecnologia industrial (4). A biotecnologia agrícola inclui a utilização de culturas e gado geneticamente modificados, bem como a utilização de métodos biológicos de controlo de pragas. Trata-se, em geral, da utilização de técnicas genéticas modernas para criar culturas e gado com caraterísticas melhoradas, tais como maior rendimento, resistência a doenças ou melhor valor nutricional. Estas técnicas incluem a reprodução selectiva, a utilização de culturas de tecidos e a transformação de plantas, bem como a seleção assistida por marcadores. O melhoramento seletivo envolve a escolha de plantas ou animais com caraterísticas desejáveis e a sua reprodução para produzir descendentes com essas caraterísticas. A cultura de tecidos e a transformação de plantas permitem aos cientistas inserir genes específicos nas plantas para lhes dar as caraterísticas desejadas. A seleção assistida por marcadores utiliza marcadores genéticos para identificar plantas com caraterísticas desejadas, de modo a que possam ser seletivamente cultivadas (5). A biotecnologia industrial utiliza enzimas e outros processos biológicos para produzir uma variedade de produtos, tais como biocombustíveis, produtos químicos e farmacêuticos. O primeiro passo neste processo é o isolamento de enzimas de microrganismos. Estas enzimas são depois utilizadas para catalisar reacções químicas, que produzem o produto desejado. Por exemplo, as enzimas das bactérias podem ser utilizadas para decompor a celulose em glucose, que pode depois ser fermentada em etanol. Este etanol pode ser utilizado como biocombustível. Outras enzimas podem ser utilizadas para produzir produtos químicos, como aminoácidos e vitaminas.

Consequentemente, James M. Hatten, em "Biotechnology: The Science and Business of Exploiting Biological Processes", definiu a biotecnologia como a aplicação de princípios científicos e de engenharia à transformação de materiais por agentes biológicos para fornecer bens e serviços (3). A biotecnologia abrange uma grande variedade de aplicações, como a bioremediação e o bioprocessamento. A bioremediação é a utilização de microrganismos para limpar a poluição ambiental. Por exemplo, os derrames de petróleo podem ser limpos através da introdução de bactérias que se alimentam do petróleo e o decompõem em compostos inofensivos. A bioremediação também pode ser utilizada para limpar solos e águas subterrâneas contaminados. Existem muitos outros exemplos de bioremediação, desde o tratamento de esgotos até à remoção de metais pesados das águas residuais(4). O bioprocessamento é outra das principais aplicações da biotecnologia. Trata-se da utilização de organismos vivos para produzir produtos úteis. Isto inclui tudo, desde o fabrico de cerveja até à produção de vacinas. No bioprocessamento, os organismos vivos são manipulados para produzir o produto desejado. Por exemplo, a levedura é utilizada para fermentar o açúcar em álcool no fabrico de cerveja. Ou então, as bactérias podem ser utilizadas para produzir insulina humana para o tratamento da diabetes.(5)

À semelhança das noções acima referidas sobre o significado de biotecnologia, tal como elucidadas por outros académicos, Bryan Bergeon, no seu livro "Fundamentals of Biotechnology", afirmou que a biotecnologia é a disciplina abrangente na qual os sistemas biológicos, os organismos vivos ou os seus derivados são utilizados para a produção de produtos e serviços(1). Um dos tópicos mais importantes abordados neste livro é o conceito de engenharia metabólica. A engenharia metabólica é o processo de manipulação das vias metabólicas de um organismo para produzir um produto desejado. Isto pode ser feito através da introdução de novos genes num organismo, ou através da alteração da expressão de genes existentes. A engenharia metabólica é utilizada para produzir uma variedade de produtos, incluindo biocombustíveis, químicos e farmacêuticos(2). As aplicações fascinantes da engenharia metabólica são a produção de artemisinina, um composto utilizado para tratar a malária. A artemsinina é produzida por uma espécie de absinto, mas o processo de produção natural é muito ineficiente. Através da engenharia metabólica, os cientistas conseguiram produzir a artemisinina em células de levedura. Este facto torna muito mais fácil e mais barata a produção destes importantes medicamentos. Isto faz com que a biotecnologia seja boa para a humanidade porque torna a artemisinina, que é o medicamento, mais acessível, o que significa que mais pessoas que precisam dele poderão obtê-lo. Além disso, permite a produção em grande escala da artemisinina, o que é importante porque a malária é um grande problema de saúde em muitas partes do mundo, ao mesmo tempo que reduz a necessidade de colher a planta que produz naturalmente a artemisinina, o que pode ajudar a proteger o ambiente.(3)

Do mesmo modo, em "Biotechnology: A Textbook of Industrial Microbiology, Fermentation and Biochemical Engineering", John M. Walker e Maureen Walker afirmam que a biotecnologia é a aplicação de organismos, sistemas ou processos biológicos por uma variedade de indústrias para aprender sobre a ciência da vida e a melhoria do valor de materiais e organismos para utilizações específicas(7). Para compreender esta definição, os autores explicaram que a aplicação de organismos, sistemas ou processos biológicos se refere à utilização de seres vivos ou partes de seres vivos para atingir um determinado objetivo. Isto pode incluir a utilização de bactérias para produzir um produto, a utilização de enzimas para decompor uma substância ou a utilização de plantas para produzir um medicamento. Estas "utilizações específicas" mencionadas na definição incluem coisas como a produção de um medicamento, a limpeza de um derrame de petróleo ou a criação de um novo tipo de combustível.

Leon R. Kass, M.D., *Life, Liberty and the Defense of Dignity: the Challenge for Bioethics*, publicado em 2002. Kass começa a sua análise com uma revisão histórica dos desafios bioéticos que enfrentamos atualmente e que provavelmente continuaremos a enfrentar no futuro. Embora a investigação com embriões e a clonagem humana sejam temas actuais de grande atualidade, nenhum dos assuntos é novo. Ambos surgiram no final da década de 1960 e na década de 1970, na sequência da clonagem bem sucedida de girinos (1962) e do nascimento do primeiro "bebé de proveta" humano (1978). Kass explica que as questões que se colocam atualmente não são idênticas às que se colocavam há vinte anos, mas também não são completamente diferentes. Ninguém nos anos 60 ou 70 falava de células estaminais ou das possibilidades da medicina regenerativa, mas as questões morais e políticas básicas eram as mesmas de hoje: Até que ponto é que tratamos uma vida humana como matéria-prima? Onde é que se traça a linha entre procriação e fabrico? Quem controla - e quem pagará - o domínio da natureza humana? Kass receia que a maior parte das formas de biotecnologia representem um "declive escorregadio" que, na realidade, irá piorar a vida em vez de a melhorar. Este conflito entre os benefícios da tecnologia médica e a manutenção da nossa humanidade é a premissa básica do livro. Kass defende que a dignidade humana, que define como uma abstração de "merecimento" ou "virtude", deve ser mantida, mesmo à custa de uma vida prolongada, e receia que, ao procurarmos uma vida "perfeita", percamos o verdadeiro significado da vida(17). Utiliza o Admirável Mundo Novo de Aldous Huxley, onde a vida foi "aperfeiçoada" através da manipulação genética e de drogas psicoactivas, como ilustração do que poderá ser o nosso futuro se continuarmos a expandir os limites da tecnologia médica. No livro de Kass, as formas de biotecnologia, incluindo a fertilização in vitro, a investigação em células estaminais, o transplante de órgãos, a clonagem e o "direito a morrer", são analisadas separadamente quanto aos seus benefícios e prejuízos para a humanidade(21).

Reservando capítulos separados para cada uma das formas de biotecnologia, Kass explica a razão da sua existência, o estado atual e o que poderá vir a ser no futuro. O autor debruça-se não só sobre a tecnologia médica em si, mas também sobre as suas origens históricas, morais e filosóficas. Oferece alternativas para algumas formas e sugere o fim total de outras. Kass considera a ciência moderna como um dos grandes monumentos do intelecto humano, mas vê este triunfo da realização humana como uma fonte de degradação humana (24).

Sobre a vida no laboratório: In Vitro Fertilization and Stem Cell Research [Fertilização in vitro e investigação de células estaminais]. Kass começa por nos transportar para o Admirável Mundo Novo de Aldous Huxley, onde os óvulos são fertilizados e incubados até estarem prontos para serem engarrafados, e essa é a única forma de nascerem bebés. Kass vê-nos a evoluir nesta direção se continuarmos com a fertilização in vitro e a engenharia genética(33). Esta tem sido uma questão de política pública desde meados da década de 1970, quando o Secretário da Saúde, Educação e Bem-Estar publicou regulamentos relativos à investigação, desenvolvimento e actividades conexas. Estas actividades incluíam a investigação que envolvia fetos, mulheres grávidas e fertilização in vitro, e previam que não fossem utilizados dinheiros federais para a fertilização in vitro de óvulos humanos até que um Conselho Consultivo de Ética especial analisasse as questões éticas e desse parecer sobre o apoio governamental(38). Em 1979, o Conselho emitiu o seu relatório e recomendou que o financiamento da investigação fosse permitido apenas em alguns tipos de investigação in vitro. No entanto, até há pouco tempo, nenhum Secretário da Saúde e dos Serviços Humanos estava disposto a atuar de acordo com essa recomendação.

Em 1994, o Presidente Clinton deu instruções aos Institutos Nacionais de Saúde (NIH) para que não atribuíssem recursos para "apoiar a criação de embriões humanos para fins de investigação", mas a sua diretiva não dizia nada sobre a investigação que envolvia embriões "de reserva" resultantes de procedimentos clínicos de fertilização in vitro para ajudar casais inférteis a serem pais. O Congresso impediu os NIH de desenvolverem diretrizes para apoiar a investigação que utilizasse os embriões "de reserva", aprovando uma emenda à Omnibus Appropriations Bill que proibia os NIH de utilizarem fundos federais para toda a investigação sobre embriões humanos."(40) A investigação do sector privado, no entanto, produziu descobertas notáveis que reacenderam a controvérsia sobre o financiamento federal da investigação sobre embriões humanos que enfrentamos hoje. Atualmente, o governo federal financia a investigação de células estaminais embrionárias em linhas de células estaminais já existentes, mas não financia qualquer outra destruição de embriões humanos(41).

Kass concorda que não deveria haver financiamento federal dedicado a embriões humanos, e talvez não deveria ser efectuada qualquer investigação sobre os mesmos. O que está em causa, determina Kass, é a própria humanidade da nossa vida humana e o significado da nossa encarnação. Kass adverte para o facto de termos de estar atentos ao panorama geral e ver que um blastocisto in vitro é de origem humana e tem o potencial de amadurecer e tornar-se um ser humano. Provém de um poder misterioso que deve ser respeitado, não porque tenha "direitos ou reivindicações ou senciência .... mas por causa do que é, agora e prospectivamente(45). Kass refere-se brevemente à determinação do Supremo Tribunal de que um feto só se torna "viável" após cerca de 24 semanas de gravidez e considera que esta colocação de limites à "viabilidade" é descuidada e arbitrária. A política mais sensata, sugere Kass, é "tratar o embrião inicial como um feto viável, com restrições impostas à investigação do embrião inicial pelo menos tão grandes como as impostas à investigação do feto". Kass conclui que, embora seja impossível impedir os investigadores privados de fazer avançar esta tecnologia, os contribuintes americanos não devem contribuir para o seu financiamento. Teme que o "declive escorregadio" já tenha começado nesta área e que reduzamos a vida embrionária a "matéria-prima para uso humano, exploração e comércio (46).

No entanto, em Cloning and the Un-human Future, Kass examina a clonagem humana e trata-a como o início da transformação da procriação em fabrico. Se a clonagem humana fosse permitida, postula Kass, as crianças seriam tratadas como "produtos planeados para serem aperfeiçoados em vez de presentes misteriosos para serem apreciados". Em nome da dignidade humana, Kass recomenda uma proibição legislativa de toda a clonagem humana (48). À semelhança da investigação embrionária, Kass vê esta área como um "declive escorregadio", em que cada vez mais renunciaremos à nossa humanidade e dignidade em prol do domínio técnico. Afirma que já começámos a deslizar, uma vez que se tornou mais difícil discernir o verdadeiro significado da clonagem humana. Além disso, um casamento monogâmico estável, como lar ideal para a procriação, já não é a norma cultural acordada e o clone é o derradeiro "filho de um só progenitor". Em breve, apenas as crianças que satisfazem os nossos caprichos e desejos serão totalmente aceitáveis e veremos as crianças não ligadas aos antepassados mas como projectos da nossa própria criação(49).

Em Equally on *Organ Transplantation,* Kass, apoiando-se no princípio "um homem, um fígado", critica as propostas de criação de mercados de órgãos para transplante e examina o significado da ideia de "órgãos à venda". Descobre as implicações desta questão no nosso "sentido de identidade e integridade" e a "crescente vontade do mercado comercial de transformar todas as partes do corpo humano em mercadorias" e de transformar a generosa doação de órgãos em questões de direitos de propriedade e de liberdade contratual (53). Embora a oferta de incentivos financeiros a potenciais dadores pudesse aumentar a oferta e talvez a qualidade dos órgãos, a venda de órgãos humanos é atualmente proibida nos Estados Unidos. No entanto, já existe um grande mercado de órgãos noutros locais - mesmo de órgãos vivos. Na Índia, existe "uma compra e venda aberta de rins, pele e até olhos de dadores vivos". Kass compreende o dilema da necessidade de órgãos de qualidade, mas não acha que a venda de órgãos deva ser aceite como um direito de propriedade. Ao contrário dos direitos de propriedade que temos sobre os frutos do nosso trabalho, "os direitos sobre a nossa pessoa são inalienáveis". Isto é semelhante ao direito inalienável à liberdade, que não pode ser transferido para outra pessoa vendendo-se como escravo(57). No entanto, Kass apercebe-se de que a procura de órgãos excede em muito a oferta atual e admite que, se fosse o seu próprio filho a precisar, ele quereria o órgão. É esta forma de tecnologia médica que mais deixa Kass perplexo. Ele não consegue encontrar moralidade em cortar um corpo saudável que não seja para seu próprio benefício e não consegue encontrar dignidade em cortar e usar pedaços de um cadáver, mas reconhece a necessidade. A sua única sugestão é que monitorizemos cuidadosamente o nosso progresso nesta área e prestemos muita atenção à decência e à propriedade (60).

Posteriormente, On a Right to Die, que, segundo Kass, ameaça a dignidade e o bem-estar dos mesmos doentes moribundos que o "alegado direito a morrer pretende beneficiar". A morte na

América está a tornar-se não só gerida pela medicina, mas o seu momento está também "cada vez mais sujeito a uma escolha deliberada (68). Kass não acredita que exista esse direito de morrer. De acordo com Kass, "[um] direito, seja legal ou moral, não é idêntico a uma necessidade, um desejo ou um interesse. Um direito, considera Kass, é uma liberdade clássica. Aos direitos clássicos, o pensamento moderno acrescentou "certos direitos ditos de bem-estar" que nos dão direito a certas oportunidades ou bens que esperamos que outros, como o governo, nos proporcionem. Kass defende que o direito a morrer foi erradamente incluído nestes direitos sociais (69). O "direito a morrer" no mundo atual refere-se frequentemente ao direito de recusar tratamentos médicos que sustentem a vida. Estes tratamentos provêm da mesma tecnologia médica sobre a qual Kass nos alerta no início do livro. E 58 pessoas estão agora a pedir que a tecnologia médica que lutámos tanto para desenvolver seja removida. Além disso, algumas pessoas que estão a reivindicar uma "luta para morrer" não estão a exigir "apenas a interrupção do tratamento, mas a assistência positiva de outros para provocar a sua morte". Kass afirma que esse "direito de morrer" seria melhor chamado de "direito ao suicídio assistido" ou "direito de ser morto por misericórdia". Para além disso, reivindicam não só o direito de tentar o suicídio, mas também o direito de o conseguir com a ajuda de outros. Kass afirma que isto vai muito para além de qualquer direito de direito comum existente de recusar tratamento médico indesejado ou do direito de cometer suicídio por si próprio.(70) Estes "direitos a morrer", argumenta Kass, são absurdos.

Os filósofos dos direitos naturais viam a morte como um mal a temer e o direito à vida como um direito primário. Todos os outros direitos alguma vez reivindicados são uma extensão deste direito primário à vida e, por conseguinte, não se pode retirar daí um direito à morte, porque seria o oposto do direito de que provém (71). Tal como a venda de órgãos, os direitos de um ser humano sobre o seu próprio corpo são limitados. O interesse de propriedade que um homem tem na sua própria pessoa é inalienável; um homem não pode transferir o título para si próprio vendendo-se como escravo. Kass concorda que uma pessoa tem direito ao uso do seu corpo e da sua vida, mas não vê o direito de dispor da sua própria vida ou da de outra pessoa. Em 1990, o Supremo Tribunal explorou pela primeira vez este "direito a morrer" em Cruzan v. Diretor, Departamento de Saúde do Missouri, onde decidiu a favor do Estado e contra um direito generalizado a morrer. (143) O Tribunal voltou a decidir a favor do Estado em 1997, em dois processos conexos, Washington v. Glucksberg e Vacco v. Quill, mas não conseguiu "rejeitar um 'direito a morrer' em termos categóricos". Embora o Tribunal tenha decidido a favor do Estado nas circunstâncias destes três casos, deixou a decisão final para o legislador e, por conseguinte, deixou a porta aberta quanto à existência de tal direito. Em Cruzan, o Tribunal determinou de facto que uma pessoa competente tem o direito de evitar tratamento médico. Apenas o Juiz Scalia, na sua opinião concorrente, afirmou que não existe definitivamente um direito constitucional à morte. Kass concorda com Scalia e receia que, no futuro, o Tribunal possa conceder o direito a morrer. (74)

Mais ainda, Marion Albers, em *Biotechnology and Human Dignity,(23-57)* argumenta que a biotecnologia é uma ferramenta poderosa que pode ter efeitos positivos e negativos na humanidade. A autora afirma que "a biotecnologia está a ser utilizada para desenvolver novos tratamentos para doenças, para melhorar as colheitas e para melhorar os processos industriais. Mas a biotecnologia também suscita preocupações éticas, tais como a questão de saber se é ético manipular embriões humanos ou clonar animais"(23). Esta definição enfatiza as implicações éticas da biotecnologia, bem como os seus potenciais benefícios. Há alguns conceitos-chave que Marion Albers enfatiza na sua definição. Em primeiro lugar, faz uma distinção entre a utilização da biotecnologia para fins terapêuticos (para tratar doenças) e a utilização da biotecnologia para fins de aperfeiçoamento (para melhorar as capacidades humanas). Em segundo lugar, refere que a biotecnologia pode ser utilizada tanto para fins bons como maus e que é importante considerar as implicações éticas da sua utilização. Em terceiro lugar, defende que a biotecnologia pode ter um impacto significativo na dignidade humana e que temos de ter cuidado com a forma como a utilizamos. No seu livro, Marion Albers defende que a biotecnologia pode ter um impacto na dignidade humana de várias formas. Em primeiro lugar, pode levantar questões sobre o que significa ser humano. Por exemplo, se pudermos modificar o nosso ADN, isso significa que deixámos de ser "naturais" ou "normais"? Em segundo lugar, pode ter impacto na nossa sensação de controlo sobre o nosso corpo. Por exemplo, se pudermos utilizar a biotecnologia para controlar as nossas emoções ou as nossas capacidades físicas, isso significa que já não temos controlo sobre nós próprios? Em terceiro lugar, pode afetar a nossa relação com a natureza (26).

No entanto, para explicar vividamente a sua afirmação, o autor classificou basicamente a sua noção de biotecnologia em três dimensões. A primeira dimensão que Albers menciona é a dimensão ontológica, que se refere ao nosso sentido do que significa ser humano. Para ele, a biotecnologia coloca desafios à nossa compreensão do que significa ser humano (25). Por exemplo, se pudermos manipular o nosso próprio ADN, isso significa que já não estamos sujeitos às leis "naturais" da biologia? Se pudermos mudar os nossos corpos ou mentes através da biotecnologia, isso significa que já não somos humanos "naturais"? Por exemplo, se nos pudermos modificar geneticamente, isso muda o que significa ser humano? Esta primeira dimensão levanta uma série de questões sobre a natureza da humanidade e a nossa relação com o mundo natural. Levanta também a questão de saber se existe uma forma "natural" ou "normal" de ser humano, ou se essa é sequer uma questão pertinente (28). A segunda dimensão é a dimensão ética, que lida com as implicações morais e éticas da biotecnologia. Por exemplo, não será ético utilizar a biotecnologia para clonar seres humanos? E será ético utilizar a biotecnologia para melhorar as nossas capacidades físicas e mentais? Em caso afirmativo, quais são os limites desta tecnologia? Deveremos poder editar o genoma humano para "curar" doenças, mesmo que isso possa ter consequências indesejadas? Ou será que devemos pôr um limite aos "bebés de design" ou a outras formas de melhoramento genético? Esta dimensão também levanta questões sobre a ética dos ensaios em animais e os direitos dos animais não humanos (36). Serão eles eticamente diferentes dos seres humanos e, em caso afirmativo, como? A terceira dimensão é a dimensão social, que considera o impacto da biotecnologia na sociedade, centrando-se no potencial impacto social da biotecnologia. Por exemplo, se a biotecnologia levar à criação de uma classe "superior" de seres humanos, isso afectará definitivamente a igualdade social dos seres humanos no ambiente social. Há várias questões que se colocam nesta dimensão, nomeadamente: será que os ricos terão acesso a tecnologias que podem melhorar as suas capacidades físicas e mentais, enquanto os pobres não terão? Ou será que esta tecnologia estará disponível para todos, criando condições mais equitativas? A questão é o papel da tecnologia na formação das nossas identidades e relações. Continuaremos a ser capazes de estabelecer relações significativas se pudermos conceber e controlar as nossas caraterísticas físicas e emocionais? (48)

CAPÍTULO III:
O CONCEITO DE BIOTECNOLOGIA

3.1 O significado e a natureza da biotecnologia

Karl Ereky, um engenheiro húngaro, cunhou o termo "biotecnologia" em 1919 para se referir à ciência e aos métodos que permitem a produção de produtos a partir de matérias-primas com a ajuda de organismos vivos. Embora a biotecnologia seja muitas vezes equiparada ao ADN e à engenharia genética, é provavelmente melhor vista como parte de um continente que começou há séculos, quando as plantas e os animais começaram a ser criados seletivamente e os microrganismos foram utilizados para fazer cerveja e vinho, queijo e pão. A limpeza de águas residuais através da degradação microbiana, que data do século XIX, é uma das mais antigas aplicações em grande escala da biotecnologia pelas sociedades industriais (Adams, 1).

No final do século XIX, a biotecnologia estava a florescer. Não só os microrganismos tinham sido isolados e identificados, como o trabalho de Mendel sobre genética tinha sido realizado e tinham sido fundados institutos para investigar a fermentação e outros processos microbianos por Pasteur e outros. Em 1943, surgiram as primeiras provas diretas de que o ADN transportava informação genética. A estrutura do ADN e a forma como a informação genética é transmitida de geração em geração permaneceram um mistério até Watson e Crick produzirem o seu modelo de dupla hélice em 1953. A biotecnologia "moderna" começou com a sua descoberta. (Adams, 2)

Embora o advento da Biotecnologia Moderna possa ser datado, é improvável que se ponha fim à busca contínua da humanidade por uma compreensão mais profunda e uma utilização mais inteligente da natureza. Atualmente, a biotecnologia moderna desempenha um papel na medicina, na produção de combustíveis, na agricultura e na preparação de alimentos, na ciência forense e no ambiente. (Adams, 3)

De acordo com Andrew Karvonen, a biotecnologia é a aplicação da ciência e da tecnologia aos organismos vivos e partes relacionadas dos mesmos, incluindo a utilização de organismos ou sistemas vivos para o fabrico de produtos e a modificação de organismos ou sistemas vivos para utilizações específicas(14). Existem certos instrumentos e técnicas utilizados nas actividades biotecnológicas que incluem a tecnologia do ADN recombinante, que permite aos cientistas manipular e inserir genes nos organismos; a engenharia genética, que permite aos cientistas criar novos organismos com caraterísticas específicas. É o processo de alteração do código genético de um organismo com o objetivo de mudar as suas caraterísticas. Isto é feito através da manipulação do ADN do organismo. É um instrumento poderoso que pode ser utilizado para criar novos organismos com caraterísticas específicas, como a resistência a doenças ou a capacidade de produzir uma determinada substância (Karvonen, 34). Por exemplo, a engenharia genética tem sido utilizada para criar estirpes de bactérias capazes de produzir insulina; e a sequenciação de genes, que é o processo de determinar a sequência de bases numa molécula de ADN. É como ler o código de uma molécula de ADN, letra a letra.

Isto permite aos cientistas identificar os genes específicos que estão presentes num organismo e estudar a forma como esses genes são expressos. A sequenciação de genes é uma ferramenta importante para estudar a base genética das doenças e para compreender como os genes estão envolvidos no desenvolvimento e na função dos seres vivos, o que permite aos cientistas ler e analisar o código genético de um organismo. (Karvonen, 52). Além disso, no fabrico de produtos, como a utilização de bactérias para produzir medicamentos. Algumas bactérias são geneticamente modificadas para poderem produzir proteínas ou substâncias químicas específicas. Estas proteínas ou substâncias químicas podem depois ser purificadas e utilizadas como medicamentos. Por exemplo, as bactérias são utilizadas para produzir insulina, que é uma hormona que regula os níveis de açúcar no sangue e é essencial para o tratamento da diabetes, e outros medicamentos, como a hormona de crescimento humano e os factores de coagulação, que são utilizados para tratar doenças do sangue (Karvonen, 53).

Tradicionalmente, a insulina era extraída do pâncreas de porcos e vacas, mas este processo era moroso e dispendioso. Atualmente, a insulina pode ser produzida utilizando bactérias geneticamente modificadas, o que tornou o processo de produção muito mais eficiente (Karvonen, 55).

No entanto, Micheal D. Purugganan, no seu livro intitulado "Genetic: From Genes to Genome" definiu a biotecnologia como "a utilização de sistemas ou organismos biológicos para qualquer fim tecnológico" (1). Esta definição abrange uma vasta gama de tecnologias, desde a utilização de enzimas na indústria até à criação de organismos geneticamente modificados para a agricultura. O autor subdividiu a biotecnologia em duas categorias: a biotecnologia agrícola e a biotecnologia industrial (Puruggnnan, 4). A biotecnologia agrícola inclui a utilização de culturas e gado geneticamente modificados, bem como a utilização de métodos biológicos de controlo de pragas. Trata-se, em geral, da utilização de técnicas genéticas modernas para criar culturas e gado com caraterísticas melhoradas, tais como maior rendimento, resistência a doenças ou melhor valor nutricional. Estas técnicas incluem a reprodução selectiva, a utilização de culturas de tecidos e a transformação de plantas, bem como a seleção assistida por marcadores.

O melhoramento seletivo envolve a escolha de plantas ou animais com caraterísticas desejáveis e a sua reprodução para produzir descendentes com essas caraterísticas. A cultura de tecidos e a transformação de plantas permitem aos cientistas inserir genes específicos nas plantas para lhes dar as caraterísticas desejadas. A seleção assistida por marcadores utiliza marcadores genéticos para identificar plantas com caraterísticas desejadas, para que possam ser criadas seletivamente (Puruggnnan, 5). A biotecnologia industrial utiliza enzimas e outros processos biológicos para produzir uma variedade de produtos, tais como biocombustíveis, produtos químicos e farmacêuticos. O primeiro passo neste processo é o isolamento de enzimas de microorganismos. Estas enzimas são depois utilizadas para catalisar reacções químicas, que produzem o produto desejado. Por exemplo, as enzimas das bactérias podem ser utilizadas para decompor a celulose em glucose, que pode depois ser fermentada em etanol. Este etanol pode ser utilizado como biocombustível. Outras enzimas podem ser utilizadas para produzir produtos químicos, como aminoácidos e vitaminas.

Consequentemente, James M. Hatten, em "Biotechnology: The Science and Business of

Exploiting Biological Processes", James M. Hatten definiu a biotecnologia como a aplicação de princípios científicos e de engenharia à transformação de materiais por agentes biológicos para fornecer bens e serviços (3). A biotecnologia abrange uma grande variedade de aplicações, como a bioremediação e o bioprocessamento. A bioremediação é a utilização de microrganismos para limpar a poluição ambiental. Por exemplo, os derrames de petróleo podem ser limpos através da introdução de bactérias que se alimentam do petróleo e o decompõem em compostos inofensivos. A bioremediação também pode ser utilizada para limpar solos e águas subterrâneas contaminados. Existem muitos outros exemplos de bioremediação, desde o tratamento de esgotos até à remoção de metais pesados das águas residuais (Hatten, 4). O bioprocessamento é outra das principais aplicações da biotecnologia. Trata-se da utilização de organismos vivos para produzir produtos úteis. Isto inclui tudo, desde o fabrico de cerveja até à produção de vacinas. No bioprocessamento, os organismos vivos são manipulados para produzir o produto desejado. Por exemplo, a levedura é utilizada para fermentar o açúcar em álcool no fabrico de cerveja. Ou então, as bactérias podem ser utilizadas para produzir insulina humana para o tratamento da diabetes (Hatten, 5).

À semelhança das noções acima referidas sobre o significado de Biotecnologia, elucidadas por outros académicos, Bryan Bergeron, em "Fundamentals of Biotechnology", afirmou que a biotecnologia é a disciplina abrangente na qual os sistemas biológicos, os organismos vivos ou os seus derivados são utilizados para a produção de produtos e serviços(1). Um dos tópicos mais importantes abordados neste livro é o conceito de engenharia metabólica. A engenharia metabólica é o processo de manipulação das vias metabólicas de um organismo para produzir um produto desejado. Isto pode ser feito através da introdução de novos genes num organismo, ou através da alteração da expressão de genes existentes. A engenharia metabólica é utilizada para produzir uma variedade de produtos, incluindo biocombustíveis, químicos e farmacêuticos (Bergeron, 2). As aplicações fascinantes da engenharia metabólica são a produção de artemisinina, um composto que é utilizado para tratar a malária. A artemsinina é produzida por uma espécie de absinto, mas o processo de produção natural é muito ineficiente. Através da engenharia metabólica, os cientistas conseguiram produzir a artemisinina em células de levedura. Este facto torna muito mais fácil e mais barata a produção destes importantes medicamentos. Isto faz com que a biotecnologia seja boa para a humanidade porque torna a artemisinina, que é o medicamento, mais acessível, o que significa que mais pessoas que precisam dele poderão obtê-lo. Além disso, permite a produção em grande escala da artemisinina, o que é importante porque a malária é um grande problema de saúde em muitas partes do mundo, ao mesmo tempo que reduz a necessidade de colher a planta que produz naturalmente a artemisinina, o que pode ajudar a proteger o ambiente.(Bergeron, 3)

3.2 O contexto histórico da biotecnologia

A história da biotecnologia remonta aos tempos antigos, quando os seres humanos começaram a manipular os seres vivos para fins práticos. Por exemplo, os primeiros agricultores criavam e domesticavam plantas e animais para criar melhores colheitas e gado. Mais tarde, na Idade Média, os monges começaram a fazer experiências com a fermentação para produzir cerveja e vinho. [thth]No século XVIII, os cientistas começaram a fazer experiências com hibridação e enxertia para criar novas variedades de plantas. A era moderna da biotecnologia começou em meados do século XX, com o desenvolvimento da tecnologia do ADN recombinante e outros métodos de manipulação do material genético dos seres vivos.

Arnold. L. Dermain e Charles, A. Dana escreveram em "History of Industrial Biotechnology" que a palavra "biotecnologia" foi cunhada por volta de 1919 pelo engenheiro agrónomo húngaro Karoly Ereky, que utilizou o termo no título do seu livro "Biotechnologie der Fleish-, Fett- und Milcherzeugung im Landwirtschaftlichen Grossbetriebe". Ereky, que mais tarde se tornou Ministro da Alimentação húngaro, tinha criado uma grande exploração de criação intensiva de suínos e uma fábrica de transformação perto de Budapeste, na Hungria, onde os porcos (chamados "máquinas de trabalho biotecnológicas") convertiam fluxos de resíduos agrícolas e de resíduos em carne, gordura e couro. Nas décadas anteriores, a química tinha-se fundido com a tecnologia e tinha dado origem a uma nova indústria em crescimento, a indústria química, e Erecky previa que a agricultura e a biologia se combinassem com a engenharia para conduzir a uma nova revolução industrial. A sua visão, que em breve seria aplicada aos microrganismos, em vez de aos macrorganismos, tornou-se popular entre agro-biólogos, químicos e engenheiros. Com base na sua perceção, ao fermentar produtos e resíduos agrícolas baratos e abundantes, tanto os agricultores como a indústria química tornavam-se beneficiários. Esta visão levou cientistas e engenheiros a produzir uma série de "bio"-químicos (solventes, álcoois, ácidos orgânicos, enzimas) utilizando micróbios fermentadores de amido/açúcar. Embora inspirador para muitos cientistas e engenheiros, o seu novo termo "biotecnologia" quase não foi utilizado e foi quase esquecido até 1975-1980, enquanto os termos então existentes, como fermentação industrial e microbiologia industrial, continuaram a ser amplamente utilizados até ao final dos anos 80 (Damian & Dana, 58).

[th]No final do século XIX, vários cientistas de renome acreditavam que a aplicação industrial emergente da microbiologia formaria um novo tipo de indústria, diferente da indústria (petro)química, então em rápido crescimento. [th]Esta ideia baseava-se, pelo menos na Europa, na enorme importância e valor da indústria alemã da cerveja na viragem do século XIX para o século XXI, que só era ultrapassada pela construção de maquinaria e superava a metalurgia e a extração de carvão. De facto, com base nas teorias e descobertas práticas de Pasteur em França, combinadas com as de Koch e Cohn na Alemanha, Lister no Reino Unido e Emil Christian Hansen na Dinamarca, a produção de cerveja tinha evoluído de uma arte para um processo controlado e bem compreendido de maltagem, trituração e fermentação de leveduras. Também nessa altura, foram criadas colecções de culturas de leveduras em Praga, Delft e Berlim, e foram fundados institutos de investigação sobre fermentação e fabrico de cerveja (Instituto Pasteur, Paris; Instituto Carlsberg, Copenhaga; Institut fur Gärungsgewerbe, (Instituto das Indústrias de Fermentação), Berlim. Rapidamente ganharam impacto e fama, o que ainda hoje se mantém, embora com outros nomes. Em 1898, apareceu uma tradução inglesa do famoso manual de Franz Lafar em dois volumes em alemão sobre: "Micologia Técnica: A utilização de microrganismos nas artes e nas manufacturas". Lafar foi o primeiro diretor do Instituto Técnico de Viena, que se tornou famoso pelas suas melhorias na fermentação do álcool e na prática da destilação. (Demian & Dana, 61)

Na década de 1930, na Universidade Charles em Praga, o Prof. Konrad Bernhauer tornou-se um fervoroso promotor da química baseada na fermentação. O seu livro clássico de 1936 "Gärungschemisches Praktikum" (Química Prática da Fermentação) condensou o conhecimento da fermentação na Europa e nos EUA. Após a Segunda Guerra Mundial, tornou-se um importante mentor de académicos alemães no Inst. Gärungsgewerbe. Ereky e Bernhauer podem ser vistos como os defensores, antes da guerra, das utilizações industriais da (micro)biologia; no entanto, as suas ligações nazis fizeram com que os seus nomes fossem esquecidos nos anos posteriores (Demian & Dana, 65).

No entanto, nos Países Baixos, na Universidade Técnica de Delft, o grupo de metabolismo de fermentação de Kluyver tornou-se influente nos anos 20-30, fornecendo conhecimentos básicos sobre o crescimento microbiano, o metabolismo e o potencial de produção. Em 1921, Kluyver assumiu a cátedra de Microbiologia Geral e Aplicada, após a reforma de Martinus Beijerinck.

investigou a produção de sorbose por *Acetobacter suboxydans* e colaborou com a "Nederlandse Gist-en Spiritus Fabriek" (Companhia Neerlandesa de Fabrico de Levedura e Álcool). Nos anos seguintes, descreveu de forma científica as transformações químicas efectuadas com micróbios, incluindo oxidações, fermentações e oxidações incompletas. Em 1926, publicou o seu famoso artigo "Unity and Diversity in the Metabolism of Microorganisms" e explicou o termo "anaeróbios facultativos". Deu também um contributo valioso e industrialmente relevante ao desenvolver a técnica de cultura submersa de bolores, mais tarde amplamente utilizada na indústria da fermentação. O seu aluno de doutoramento, C.B. Van Niel, descobriu e desenvolveu, em 1929, o composto aromático da manteiga, ou seja, o diacetilo, importante como bioflavor para a crescente indústria da margarina. Van Niel deixou Delft em finais de 1928 para aceitar uma oferta para se tornar professor na Hopkins Marine Station da Universidade de Stanford, em Pacific Grove CA, EUA. A sua investigação sobre bactérias fotossintéticas revolucionou o conceito de bioquímica da fotossíntese.(Demian & Dana, 68)

Nos Estados Unidos, especialmente no Departamento de Agricultura dos Estados Unidos (USDA), que empregava cerca de 600 químicos em 1915, a investigação impulsionou a utilização industrial da biologia, especialmente devido à deslocação dos fornecimentos de produtos químicos em consequência da Primeira Guerra Mundial. O químico de lacticínios, James Currie, trabalhou na produção de ácido cítrico com o fungo *Aspergillus niger*. Em 1923, convenceu a então pequena empresa de Nova Iorque, Chas. Pfizer and Co. de Nova Iorque a apoiá-lo. Desenvolveu o processo de fermentação de superfície em tabuleiros pouco profundos para converter o açúcar em ácido cítrico, que até então tinha de ser extraído de limões e outros citrinos. Em 1929, a Pfizer passou a utilizar a fermentação submersa, com base na investigação de Bernhauer (70). Também na década de 1930, muito antes da Segunda Guerra Mundial, o diretor de investigação da empresa Dow Chemical, William J. Hale, promoveu fortemente a utilização de produtos químicos, incluindo o etanol (chamado "agricrude-alcohol"), feito a partir de produtos agrícolas baratos. Este princípio foi designado por ele como "Chemurgy". Defendia a criação de "Agricenters" para a transformação de produtos agrícolas em produtos finais industriais e de matérias-primas para outras indústrias de transformação. Entretanto, investigadores do USDA, em Washington D.C., desenvolveram processos microbianos para a produção de outros ácidos orgânicos a partir do açúcar e do amido (ou seja, ácido lático, ácido glucónico e outros) para utilização na indústria alimentar e noutras indústrias. No entanto, o seu laboratório foi abandonado para dar lugar à construção do Pentágono. Foram criados quatro novos laboratórios regionais, incluindo o Northern Regional Research Laboratories (NRRL) em Peoria, Illinois, em 1939-1940. Foi aí que, a 14 de julho de 1941, Florey e Heatley chegaram da Universidade de Oxford com o fungo *Penicillium notatum* de Fleming nos seus casacos!(Demian & Dana, 74)

Estes desenvolvimentos da biotecnologia nos anos 1900-1930 ocorreram em conjunto com os da engenharia petroquímica como um novo e distinto domínio da ciência e da tecnologia. As empresas químicas alemãs (por exemplo, Bayer, BASF e Hoechst) e várias empresas petrolíferas (BP, Shell e Standard Oil) foram criadas para se tornarem empresas estabelecidas, embora não fossem tão importantes nessa altura como se tornaram mais tarde. Em retrospetiva, as crises petrolíferas de 1973 e 1979 forçaram as indústrias química e petrolífera a reorientarem-se novamente, o que também impulsionou um interesse renovado nas "Biotecnologias" de Ereky e no conceito de "Quimiurgia" de Hale (Adams, 75). O termo "biotecnologia industrial" só voltou a surgir nos anos 80, altura em que surgiu a biotecnologia moderna. O primeiro produto fabricado comercialmente com recurso à tecnologia genética foi a insulina humana, aprovada para utilização clínica em 1982. A ligação entre a Genentech e a empresa Eli Lilly foi crucial. A Eli Lilly prestou assistência financeira à Genentech, melhorou os sistemas de expressão primitivos da Genentech para atingir níveis comercialmente viáveis, forneceu as instalações de fabrico de um medicamento qualitativo e contribuiu com os conhecimentos regulamentares que, em 1982, colocaram no mercado o primeiro medicamento de ADN recombinante (84). Para este desenvolvimento, foi importante o facto de o Supremo Tribunal dos EUA ter permitido o registo de patentes de novas bactérias recombinantes (Adams, 86).

Este facto marcou o início da nova era do ADN recombinante (ADNr) da biotecnologia. Passou a ser possível produzir proteínas humanas, hormonas, interferão, interleucinas, anticorpos, etc., para o tratamento médico de muitas doenças, um avanço tremendo que antes era impossível. Criou-se um novo "grande negócio", com a introdução de muitos produtos farmacêuticos que arrasam com o mercado. A demonstração de que a aprovação e a comercialização mundial da insulina podiam ser conseguidas em apenas quatro anos após a clonagem do gene da insulina desmentiu o considerável ceticismo que prevalecia na indústria farmacêutica. Em particular, a demonstração de que um pequeno bioreactor de cerca de 10 litros era suficiente para fornecer material suficiente para todo o mercado mundial de hormona de crescimento humano, foi um passo dramático e estimulou bastante o entusiasmo pelo investimento na nova área da biotecnologia (72). Em 1983, os investigadores de Toronto descobriram o recetor das células T, que tem sido considerado o "Santo Graal" da imunologia. Em 1984, Kary Mullis desenvolveu a reação em cadeia da polimerase (PCR) para produzir em massa um fragmento específico de ADN. Em 1986, a primeira libertação no ambiente de uma planta geneticamente modificada (um tabaco). Em 1987, foi a primeira vez que micróbios geneticamente modificados foram utilizados em experiências. Mais tarde, em 1990, foi lançado o projeto internacional do genoma humano, que durou 13 anos. Os objectivos deste projeto eram a identificação e a sequência de todos os genes do genoma humano. Em 2001, com recursos eficazes e progressos tecnológicos, foi publicada a sequência do genoma humano com análise. Nos dias de hoje, os cientistas podem manipular eficazmente o ADN, que é o bloco de construção fundamental da vida. Temos agora como resultados, medicamentos geneticamente modificados para a desobstrução da ovelha Dolly. Com os benefícios da genómica, estas tecnologias darão aos médicos a possibilidade de testar o perfil genético individual em relação a um grupo de medicamentos disponíveis para uma doença específica, de modo a conhecer o tratamento mais eficaz. Estas são as projecções para os próximos anos (Karvonen,51)

3.3 O impacto da biotecnologia na santidade humana

O impacto da biotecnologia na santidade humana é um tema complexo e cheio de nuances. Há quem defenda que a biotecnologia tem o potencial de melhorar a saúde e a longevidade humanas, o que constitui um impacto positivo na santidade humana. Por exemplo, através da utilização da edição de genes, os cientistas poderiam potencialmente curar doenças genéticas ou melhorar os sistemas imunitários humanos. Outros argumentam que a biotecnologia tem o potencial de minar a dignidade humana ao esbater a fronteira entre o ser humano e a máquina, ou ao mercantilizar a vida humana. Por exemplo, a utilização da clonagem ou a criação de "super-humanos" geneticamente modificados pode ser vista como uma ameaça à santidade da vida humana. Ronald Cole-Turner, em *Trans-humanismo e o bem comum,* argumenta que, embora a biotecnologia possa melhorar a saúde humana, também pode levantar sérias questões sobre o tratamento ético dos seres humanos (25). Conclui que o bem deve ser o princípio orientador da tomada de decisões éticas no domínio da biotecnologia. Mais uma vez, em *The Case for Perfection: Ethics in the Age of Genetic Engineering,* Micheal Sandel analisa os potenciais benefícios da biotecnologia para a saúde. Defende que, embora seja possível utilizar a biotecnologia para melhorar a saúde, devemos também considerar as implicações éticas desta tecnologia. Por exemplo, levanta a questão de saber se devemos criar "bebés de design", geneticamente modificados para terem caraterísticas desejáveis. Argumenta que esta prática pode levar a uma sociedade em que as pessoas são julgadas com base na sua constituição genética, em vez de no seu carácter ou acções (7).

No entanto, o lado positivo da biotecnologia pode potencialmente levar a uma diminuição do número de pessoas que sofrem de doenças genéticas. Estima-se que existam mais de 4.000 doenças genéticas, muitas das quais são fatais ou limitam a vida. Através da engenharia genética, os cientistas poderiam potencialmente desenvolver tratamentos para estas doenças, ou mesmo evitar que elas ocorram em primeiro lugar. No entanto, existem também preocupações quanto aos potenciais efeitos secundários da biotecnologia. Por exemplo, existe o risco de a engenharia genética poder levar a consequências indesejadas, como o desenvolvimento de novas doenças ou a criação de "superbactérias" resistentes aos antibióticos (8). Outro benefício potencial da biotecnologia é a possibilidade de criar novas terapias médicas. A terapia genética, por exemplo, é um tipo de biotecnologia que envolve a inserção de novo material genético nas células para tratar ou prevenir doenças. Esta poderia ser utilizada para tratar doenças como o cancro, a doença de Parkinson e a distrofia muscular. A terapia com células estaminais é outro tipo de biotecnologia que envolve a utilização de células estaminais para substituir células e tecidos danificados. Esta terapia pode potencialmente ser utilizada para tratar uma vasta gama de doenças, incluindo doenças cardíacas, diabetes e lesões da espinal medula. No entanto, existem ainda muitas questões sobre a segurança e a eficácia destas terapias (10). A biotecnologia tem o potencial de desafiar alguns dos nossos valores e crenças mais profundos. Por exemplo, o desenvolvimento de novas biotecnologias pode levar a uma mudança na forma como pensamos sobre a vida humana. Em vez de vermos a vida humana como algo sagrado ou precioso, podemos começar a vê-la como algo que pode ser manipulado ou controlado (Bergeron, 23)

3.4 A ciência da clonagem e da maternidade de substituição

Existem várias ciências da biotecnologia que afectam a santidade da vida humana no período contemporâneo. No decurso deste trabalho de investigação, limitar-nos-emos à ciência da clonagem, da fertilização in vitro e da maternidade de substituição.

A ciência da Clonagem é um tipo de Biotecnologia que envolve a criação de uma cópia genética exacta de um organismo. O exemplo mais famoso de clonagem é a ovelha Dolly, que foi clonada em 1996. A clonagem pode ser efectuada através de diferentes técnicas, mas o método mais comum é a chamada transferência nuclear de células somáticas. Este método consiste em retirar o núcleo de uma célula somática (do corpo) e transferi-lo para um óvulo ao qual foi retirado o núcleo. O óvulo é então colocado numa mãe de aluguer, que carrega o embrião clonado até ao fim (Kass, 67). O sucesso da clonagem da Dolly chamou a atenção dos cientistas da clonagem de plantas e animais para a clonagem de seres humanos. A Associação Médica Americana definiu "a clonagem humana como o produto de um organismo geneticamente idêntico através da transferência de células nucleares somáticas. Esta transferência de células somáticas refere-se ao processo pelo qual o núcleo de uma célula somática de um organismo vivo é transferido para uma célula da qual o núcleo foi removido". A questão é que a clonagem humana não produz a pessoa exacta, mas sim a cópia do indivíduo clonado que tem a identidade fisiológica e biológica. A singularidade da pessoa e do clonado não é a mesma (Kass, 87).

Em novembro de 2001, os cientistas da Advanced Cell Technology Company, de Massachusetts, anunciaram que tinham clonado o primeiro embrião humano com o objetivo de fazer avançar a investigação terapêutica. No mesmo mês de novembro de 2001, "a Advanced Cell Technology, uma empresa de biotecnologia com sede em Worcester MA, nos Estados Unidos da América, anunciou ao mundo que tinha produzido um embrião com ADN humano que cresceu até ao nível de seis células (Kass , 90). Segundo eles, se o embrião tivesse sido implantado no útero de uma mulher, poderia ter-se transformado num recém-nascido", não admira que Ekennia afirme que a possibilidade de clonagem humana já não está em dúvida. A questão da clonagem humana não pode ser posta em dúvida, mas é necessário investigar ou refletir se é moralmente correta ou eticamente admissível. Antes da questão controversa da clonagem humana, após o nascimento da ovelha Dolly, em 23 de fevereiro de 1996, os cientistas já clonavam animais em segredo, especialmente na América. Durante os períodos anteriores, filósofos como Hans Jonas, Leon Kass e Paul Ramsey expuseram o perigo da clonagem e de outras técnicas de reprodução. O nascimento de Dolly e as circunstâncias que o rodearam levantaram algumas questões éticas porque os moralistas sabiam que muito em breve seria a vez do ser humano. O embriologista escocês Ian Wilmut e os seus colegas do Instituto Roslin concretizaram os esforços dos cientistas em matéria de clonagem. A clonagem era uma extensão da investigação que já estava em curso há cerca de quatro décadas, utilizando núcleos derivados de embriões e células não humanas. Uma vez que Dolly é um mamífero, existe a mesma possibilidade de clonagem humana (Beauchamp, 99).

A ciência da maternidade de substituição é um processo em que uma mulher carrega e dá à luz uma criança para outra pessoa ou casal. Na barriga de aluguer tradicional, a mãe de aluguer é também a mãe biológica da criança, uma vez que o seu óvulo é fertilizado com o esperma do pai pretendido. Na barriga de aluguer gestacional, a mãe de aluguer não está biologicamente relacionada com a criança, uma vez que o embrião é criado utilizando o óvulo e o esperma dos pais pretendidos (Moore, 72). A mãe de aluguer carrega e dá à luz a criança, que é depois entregue aos pais pretendidos. A maternidade de substituição é uma questão controversa e complexa, com implicações éticas, jurídicas e sociais. Uma das questões éticas que envolve a barriga de aluguer é a questão de saber se é ético pagar a uma mulher para carregar e dar à luz uma criança para outra pessoa ou casal. Muitas pessoas argumentam que é uma exploração e moralmente errado "alugar" o corpo de uma mulher para fins de reprodução. Outros argumentam que é uma situação em que todos ganham, pois permite que as pessoas que não podem ter filhos por si próprias se tornem pais e dá às mulheres que optam por ser mães de aluguer a oportunidade de ganhar dinheiro e ajudar as mães (Moore, 73). Existem também preocupações legais em torno da maternidade de substituição, como a determinação da filiação legal da criança e a garantia da proteção dos direitos de todos os envolvidos. A preocupação jurídica em torno da maternidade de substituição é a questão do que acontece se os futuros pais mudarem de ideias sobre a adoção da criança após o seu nascimento. Em alguns casos, os futuros pais podem desistir do acordo, deixando a mãe de aluguer com a criança. Isto levanta questões sobre quem é responsável pela criança e qual deve ser o estatuto legal da criança (Moore, 74). Além disso, se os pais pretendidos desistirem do acordo, pode haver implicações financeiras para a mãe de aluguer. Nalguns casos, os futuros pais podem ser obrigados a pagar uma pensão de alimentos, mesmo que não fiquem com a criança. Outra questão jurídica que envolve a maternidade de substituição é a possibilidade de conflitos de interesses entre a mãe de aluguer e os futuros pais. A mãe de aluguer pode ter opiniões diferentes das dos futuros pais sobre a gravidez e a criança, o que pode levar a desacordos sobre decisões como os cuidados parentais, o processo de nascimento e os cuidados a ter com a criança depois de nascer (Moore, 75). Para além disso, a mãe de aluguer pode sentir-se pressionada a entregar a criança aos futuros pais, mesmo que tenha dúvidas quanto a isso. Nalguns casos, os futuros pais podem tentar controlar o comportamento da mãe de aluguer durante a gravidez ou exigir-lhe certas coisas, como restringir a sua alimentação ou actividades, o que é contrário aos seus direitos humanos fundamentais (Moore, 76).

3.5 Argumentos a favor e contra a biotecnologia

Na discussão sobre a biotecnologia, existem dois pontos de vista: a perspetiva liberal e a posição conservadora. Ambas as perspectivas oferecem uma visão relativa da ciência da biotecnologia. No entanto, uma análise mais aprofundada da biotecnologia revela que ambos os lados podem encontrar-se em posições embaraçosas quando aplicam o raciocínio subjacente às suas respectivas opiniões sobre a biotecnologia.

(i) Posição liberal

A posição liberal sobre a biotecnologia é geralmente favorável a esta tecnologia, mas com algumas reservas. Em geral, os liberais acreditam que a biotecnologia tem o potencial de melhorar a qualidade de vida das pessoas em todo o mundo. Vêem os benefícios dos novos medicamentos e tratamentos que foram desenvolvidos através da biotecnologia, bem como o potencial para aumentar a produção alimentar e melhorar os rendimentos agrícolas. No entanto, os liberais também manifestam preocupação com os potenciais impactos negativos da biotecnologia, incluindo o potencial para consequências indesejadas e a concentração de poder nas mãos de grandes empresas (Agar, 34). Uma das preocupações dos liberais em relação à biotecnologia é o facto de esta poder conduzir à mercantilização da vida humana. À medida que os testes e a manipulação genética se tornam mais avançados, existe a possibilidade de as pessoas começarem a pensar em si próprias e nos outros como "produtos" a serem melhorados. Isto pode levar a uma sociedade em que as pessoas são julgadas com base na sua composição genética, em vez das suas caraterísticas e realizações individuais. Para além disso, os liberais estão preocupados com o potencial da biotecnologia para exacerbar as desigualdades existentes na sociedade. Um exemplo de como a biotecnologia pode exacerbar as desigualdades existentes é através do desenvolvimento de "bebés de design" (Burley, 102). Esta é a ideia de que os pais poderiam utilizar a biotecnologia para selecionar as caraterísticas dos seus filhos, como a inteligência, a altura ou a cor dos olhos. Isto levanta a preocupação de que apenas aqueles que podem pagar a tecnologia seriam capazes de selecionar as "melhores" caraterísticas para os seus filhos, levando a uma nova forma de eugenia. Esta situação poderia dividir ainda mais a sociedade em "quem tem" e "quem não tem", aumentando a desigualdade. Além disso, os liberais receiam que a biotecnologia possa ser utilizada para discriminar determinados grupos, como as pessoas com deficiência (Burley, 107).

(ii) A posição conservadora

A posição conservadora sobre a biotecnologia é geralmente mais cética em relação a esta tecnologia e aos seus potenciais benefícios. Os conservadores manifestam frequentemente a preocupação de que a biotecnologia possa conduzir à mercantilização da vida humana, bem como à desvalorização da dignidade humana.

Além disso, os conservadores estão frequentemente preocupados com a possibilidade de a biotecnologia ser utilizada de formas pouco éticas ou prejudiciais, como a eugenia ou a criação de "super-humanos". Por último, os conservadores estão frequentemente preocupados com as consequências indesejadas da biotecnologia, tais como os potenciais danos ambientais ou a criação de "alimentos de plástico"

Um académico e autor conservador que expressou estas preocupações sobre a biotecnologia é Wesley J. Smith, um membro sénior do Discovery Institute. No seu livro "Consumer's Guide to a Brave New World", argumenta que a biotecnologia é uma força perigosa e incontrolável que tem o potencial de mudar fundamentalmente a raça humana. Acredita que a tecnologia deve ser regulamentada para evitar a sua utilização indevida e defende uma abordagem mais cautelosa ao desenvolvimento e utilização da biotecnologia. Em particular, Smith está preocupado com a possibilidade de criar seres humanos "superiores" através da biotecnologia, o que, segundo ele, conduziria à desigualdade social e moral (95). O argumento de Smith contra a biotecnologia baseia-se na ideia de que se trata de uma tecnologia que poderia ser utilizada para criar "bebés de design" ou "super-humanos" que seriam superiores aos outros seres humanos. Defende que isto conduziria a uma forma de discriminação baseada na constituição genética, que seria ainda mais difícil de combater do que a discriminação baseada na raça ou no género. Argumenta também que a criação de "super-humanos" conduziria a uma sociedade a dois níveis, em que aqueles com genética superior teriam mais oportunidades e recursos do que os que não têm. Isto, por sua vez, criaria agitação social e, potencialmente, até conflitos (96).

Para além das posições liberalistas e conservadoras sobre os argumentos relativos à biotecnologia, existem outros pontos de vista de outros académicos, como Enright, C.A. e Lyon, A.J., que no seu trabalho "Biotechnology Prospects and Risks" defendem que "a biotecnologia tem potencial para ajudar a resolver alguns dos problemas mais prementes do mundo, incluindo a pobreza, a insegurança alimentar e a degradação ambiental" (78). Os autores apoiam este argumento com uma série de exemplos específicos, incluindo a utilização de culturas geneticamente modificadas para aumentar a produção alimentar e a utilização da bioremediação para limpar derrames de petróleo. Na bioremediação, as bactérias que ocorrem naturalmente são geneticamente modificadas para decompor o petróleo de forma mais rápida e eficaz. Outro argumento a favor da biotecnologia é o facto de poder ajudar a conservar o ambiente. Por exemplo, as culturas geneticamente modificadas podem tornar-se mais eficientes na utilização de água e fertilizantes, o que pode ajudar a reduzir o impacto ambiental da agricultura (Enright e Lyon, 79). Além disso, a biotecnologia pode ser utilizada para criar produtos com menor impacto ambiental, como os plásticos biodegradáveis ou os biocombustíveis produzidos a partir de matéria vegetal. Para além disso, a biotecnologia pode ser utilizada para desenvolver métodos de remediação da poluição ambiental. Por exemplo, foram desenvolvidos micróbios geneticamente modificados que podem decompor substâncias químicas tóxicas no solo e na água (Enright e Lyon, 80).

Da mesma forma, os autores também consideraram que a biotecnologia pode levar a um maior desenvolvimento económico de novas tecnologias e produtos através da biotecnologia pode levar à criação de novos empregos e indústrias. Além disso, a biotecnologia tem o potencial de conduzir a uma maior segurança alimentar e a uma melhor nutrição, o que pode levar a uma redução da pobreza. Além disso, a biotecnologia tem o potencial de ajudar os países em desenvolvimento a tornarem-se mais auto-suficientes e menos dependentes dos países desenvolvidos no que respeita a alimentos e outros produtos (Enright e Lyon,81). Um exemplo de como a biotecnologia tem potencial para conduzir a um maior desenvolvimento económico e autossuficiência nos países em desenvolvimento é a utilização de culturas geneticamente modificadas. Muitos países em desenvolvimento têm terras aráveis limitadas e enfrentam desafios como a seca e as alterações climáticas. As culturas geneticamente modificadas que são resistentes a estes desafios podem ajudar a aumentar os rendimentos e a reduzir a necessidade de factores de produção dispendiosos, como pesticidas e fertilizantes. Além disso, estas culturas podem ajudar a melhorar a segurança alimentar e a reduzir a pobreza, proporcionando uma fonte fiável de rendimento aos agricultores. Por exemplo, a utilização de algodão geneticamente modificado na Índia levou ao aumento dos rendimentos e à prosperidade económica de muitos agricultores (Enright e Lyon, 82).

Em conclusão, os autores revelaram que a biotecnologia tem potencial para melhorar a condição humana e conduzir a avanços na medicina e nos cuidados de saúde. Por exemplo, a biotecnologia tem sido utilizada para desenvolver novos tratamentos para doenças como o cancro e tem também conduzido ao desenvolvimento de novos instrumentos e procedimentos de diagnóstico. Além disso, a biotecnologia tem sido utilizada para melhorar a qualidade e a quantidade da produção alimentar através do desenvolvimento de culturas geneticamente modificadas. As culturas geneticamente modificadas são plantas cujo ADN foi alterado para as tornar resistentes a pragas, doenças ou herbicidas, ou para melhorar o seu valor nutricional. Por exemplo, o "arroz dourado" geneticamente modificado é uma variedade de arroz que foi modificada para conter beta-caroteno, um precursor da vitamina A. Isto pode ajudar a prevenir a deficiência de vitamina A, que é um grande problema de saúde nos países em desenvolvimento (Enright e Lyon, 83).

Apesar dos argumentos persuasivos de Enright, C.A e Lyon, A.J, existem críticas ou argumentos contra a biotecnologia. Um dos principais argumentos contra a biotecnologia é a preocupação com o facto de poder ter consequências indesejadas que podem ser prejudiciais para os seres humanos, os animais ou o ambiente. Esta preocupação é particularmente relevante quando se trata de organismos geneticamente modificados (OGM), que foram modificados para terem caraterísticas específicas que podem não ser totalmente compreendidas ou previsíveis. Existe o receio de que os OGM possam ter efeitos indesejados nos ecossistemas ou na saúde humana. Para além disso, há quem defenda que a utilização de OGM é moralmente errada e vai contra a ordem natural das coisas. Defendem que não devemos fazer de "Deus" ao manipular a composição genética dos organismos (Mukherjee, 85). Um exemplo de uma consequência não intencional da biotecnologia é o desenvolvimento de super-ervas daninhas. As super-ervas daninhas são plantas que se tornaram resistentes aos herbicidas devido à utilização generalizada de culturas geneticamente modificadas que são resistentes a esses herbicidas. Este facto conduziu a um aumento significativo da utilização de herbicidas mais tóxicos, que, por sua vez, podem prejudicar o ambiente e a saúde humana (Mukherjee, 86). Além disso, o aumento das super-ervas daninhas levou a uma diminuição do rendimento das culturas e a um aumento dos custos para os agricultores. Mais uma vez, outra preocupação sobre a biotecnologia é o facto de poder levar à perda de diversidade genética. Isto deve-se ao facto de os organismos geneticamente modificados competirem frequentemente com os seus homólogos não modificados, levando à deslocação de espécies que ocorrem naturalmente. Este facto pode ter consequências graves para o ambiente e para a saúde humana, uma vez que a perda de diversidade genética pode tornar as culturas e os animais mais vulneráveis a doenças e pragas (Mukherjee, 88). Além disso, a perda de diversidade genética pode levar à perda de caraterísticas valiosas que poderiam ser benéficas para as gerações futuras. Globalmente, esta perda de diversidade é vista como um risco importante associado à utilização generalizada de organismos geneticamente modificados. Um dos exemplos de como a perda de diversidade genética pode ter consequências graves é a fome da batata na Irlanda na década de 1840. Durante este período, um fungo conhecido como praga da batata destruiu a cultura da batata na Irlanda, levando a uma fome e morte generalizadas. Esta situação foi agravada pelo facto de a maior parte das batatas cultivadas na Irlanda na altura serem de uma única variedade, conhecida como "Lumper". Esta falta de diversidade genética significava que toda a cultura era suscetível à praga e que não existiam variedades resistentes para substituir a cultura perdida. Este é um exemplo de como a perda de diversidade genética pode ter efeitos devastadores. Este é apenas um exemplo de como a biotecnologia pode ter consequências não intencionais que podem ser difíceis de prever ou controlar (Thompson, 20).

Outro argumento contra a biotecnologia é o facto de poder ser utilizada para criar e explorar desigualdades na sociedade. Por exemplo, muitos críticos argumentam que o registo de patentes de sementes geneticamente modificadas dá às grandes empresas demasiado controlo sobre o abastecimento alimentar. Argumentam que estas empresas podem alterar os preços elevados das suas sementes e controlar o fornecimento de alimentos, levando a uma maior desigualdade e insegurança alimentar para aqueles que não podem pagar estas sementes. Além disso, alguns argumentam que o uso da biotecnologia para fins militares é um uso perigoso e antiético da tecnologia (Thompson, 21). Por exemplo, alguns países estão a desenvolver armas biológicas que utilizam organismos geneticamente modificados. O desenvolvimento de armas biológicas com recurso à biotecnologia é motivo de preocupação por várias razões. Em primeiro lugar, estas armas podem ter consequências indesejadas que podem ser muito difíceis de controlar, levando a uma destruição generalizada e à perda de vidas. Além disso, estas armas poderiam ser utilizadas para atingir grupos específicos de pessoas com base na sua composição genética, o que levanta sérias preocupações éticas. Para além disso, há quem receie que o desenvolvimento destas armas possa conduzir a uma corrida ao armamento entre países, levando ao aumento das tensões e ao risco de guerra. De um modo geral, a utilização da biotecnologia para fins militares é vista como uma utilização perigosa e potencialmente desastrosa da biotecnologia (Thompson, 23).

3.6 Religião, Moral e Biotecnologia

Existem muitas preocupações religiosas e morais relativamente à utilização da biotecnologia. Do ponto de vista religioso, algumas pessoas acreditam que a biotecnologia é uma violação da ordem natural e que os seres humanos não devem brincar de "Deus" ao manipular genes e embriões (Cole-Tuner, 108). De uma perspetiva moral, algumas pessoas acreditam que a biotecnologia não é ética porque mercantiliza a vida humana e reduz o valor da vida humana aos seus componentes biológicos. Além disso, há receios de que a biotecnologia possa ser utilizada para criar "bebés de design" e conduzir a uma sociedade baseada na eugenia, em que só os que têm os "melhores" genes podem reproduzir-se (Cole-Tuner, 117). Um exemplo de como a religião e a moralidade se cruzam com a biotecnologia é o debate sobre a investigação em células estaminais. As células estaminais têm potencial para serem utilizadas no tratamento de um vasto leque de doenças, mas algumas formas de investigação com células estaminais, como a investigação com células estaminais embrionárias, são imorais porque requerem a destruição de embriões, que, na opinião dos defensores, são vida humana. No entanto, este ponto de vista não é universalmente aceite e existe um grande debate e desacordo sobre esta questão. Alguns defensores da investigação em células estaminais embrionárias argumentam que a destruição de embriões se justifica porque é para o bem maior da sociedade. Defendem que os potenciais benefícios da investigação em células estaminais, como a capacidade de tratar doenças como Parkinson ou Alzheimer, ultrapassam quaisquer objecções morais à destruição de embriões. Além disso, defendem que os embriões utilizados na investigação não são "humanos" da mesma forma que uma criança nascida, e que são simplesmente vida potencial e não vida real. Este é um debate ético muito complexo e cheio de nuances, e há uma variedade de pontos de vista de ambos os lados (Cole-Tuner, 120).

Muitas das objecções religiosas à biotecnologia resultam da crença de que os seres humanos não devem brincar de "Deus" ou tentar criar vida num laboratório. Esta é uma opinião defendida por alguns cristãos, muçulmanos e judeus. Na tradição cristã, essa visão está enraizada na ideia de que Deus é o criador de toda a vida e que os humanos não devem tentar usurpar esse papel. Do mesmo modo, na tradição islâmica, o Alcorão afirma que "Alá é o criador de todas as coisas, e o que ele cria é melhor do que o que o homem cria". Na tradição judaica, existe um forte respeito pela vida, e muitos judeus acreditam que o respeito pela vida é uma extensão do respeito pelo potencial da vida humana. Isto significa que muitos judeus se sentem desconfortáveis com a ideia de criar ou destruir embriões, mesmo para fins de investigação. Para além disso, muitos judeus acreditam que a manipulação científica da vida humana é uma forma de arrogância que vai contra os princípios do judaísmo. Defendem que os seres humanos não devem procurar transcender o seu lugar na ordem natural das coisas e que tentar controlar a vida desta forma é um erro (Cole-Tuner, 126). Para além da crença de que os seres humanos não devem tentar fazer de "Deus", alguns grupos religiosos também estão preocupados com as potenciais consequências da biotecnologia. Argumentam que esta pode levar ao desenvolvimento de novas formas de discriminação e desigualdade e que pode ser utilizada para criar seres humanos "perfeitos", sem deficiências físicas ou mentais, designados por "bebés de design". Preocupa-os o facto de isto poder conduzir a um mundo em que as pessoas com deficiência são vistas como "inferiores" e não merecedoras dos mesmos direitos e oportunidades que as outras. Existe também a preocupação de que a biotecnologia possa ser utilizada para criar novas formas de guerra, tais como doenças de conceção ou soldados geneticamente modificados (Cole-Turner, 128).

O debate moral em torno da biotecnologia é complexo e multifacetado. Algumas pessoas acreditam que é moralmente errado criar ou destruir embriões para investigação, ou modificar o genoma humano de qualquer forma. Argumentam que se trata de uma violação da dignidade humana e da santidade da vida. Outros acreditam que os potenciais benefícios da biotecnologia, como a cura de doenças ou o aumento do rendimento das colheitas, ultrapassam quaisquer potenciais preocupações morais (Darnovsky, 75). Defendem que é moralmente correto prosseguir estes avanços para melhorar a qualidade de vida da humanidade no seu todo. Tal como no debate religioso, há muitos pontos de vista diferentes e não há uma resposta "correta". Um debate moral específico que surgiu em torno da biotecnologia é sobre a questão da "engenharia da linha germinal". Esta é a ideia de modificar o genoma de um embrião de forma a que as alterações sejam transmitidas às gerações futuras. Esta ideia levanta uma série de preocupações éticas, tais como a questão de saber se é correto fazer alterações irreversíveis ao genoma humano e se é correto tomar decisões sobre as gerações futuras sem as conhecer. Para além disso, algumas pessoas argumentam que a engenharia da linha germinal pode levar a uma "divisão genética", em que aqueles que podem dar-se ao luxo de modificar geneticamente os seus filhos têm uma vantagem significativa sobre aqueles que não podem (Darnovsky, 76).

Além disso, outra preocupação moral em torno da biotecnologia é a questão dos "bebés de design". Esta questão refere-se à ideia de os pais poderem escolher os traços dos seus filhos, como a inteligência, o aspeto físico ou a personalidade. Algumas pessoas argumentam que isto pode levar a uma sociedade em que as pessoas são valorizadas com base na sua composição genética e não nos seus méritos individuais. Esta situação poderia conduzir à discriminação e à desigualdade e, em última análise, prejudicar a estrutura da sociedade. Para além disso, há quem defenda que isto pode levar a um cenário de "Admirável Mundo Novo", em que a engenharia genética é utilizada para criar uma sociedade perfeita de alguma forma, mas sem liberdade e criatividade individuais (Darnovsky, 77).

CAPÍTULO QUATRO:
UMA AVALIAÇÃO DA BIOTECNOLOGIA MODERNA E DA SANTIDADE DA VIDA HUMANA

4.1Questões éticas da biotecnologia

A bioética é um dos novos ramos da "ética normativa aplicada", que é um novo campo de investigação que analisa os desafios causados pela utilização de inovações e tecnologias na biociência, biomedicina e biotecnologia e que também regula sistematicamente as actividades no espaço interdisciplinar. A bioética na biotecnologia refere-se a diferentes questões éticas, especialmente do ponto de vista religioso e secular, uma vez que estas afectam os seres humanos que atualmente se dedicam a actividades biotecnológicas como a clonagem humana, a inteligência artificial, a fertilização in vitro, entre outras (Kass, 34).

Discutiremos cinco princípios éticos que contribuirão para a análise das questões éticas da biotecnologia.

i. Princípio da eliminação dos danos

O primeiro é o princípio da eliminação dos danos nas ciências biotecnológicas, como a clonagem e a engenharia genética, que afirma que ninguém tem o direito e a justificação moral para causar danos a outrem. Este princípio está intimamente relacionado com o princípio da igualdade e da não discriminação e terá mais importância no que respeita à interpretação ética e dos direitos humanos (Burley, 78). Erickson acredita que o único tipo de ciência biotecnológica que pode eliminar os efeitos nocivos é a clonagem terapêutica. O princípio da eliminação de danos afirma que as pesquisas em biotecnologia não devem prejudicar outros seres humanos e animais (42). Embora certas ciências biotecnológicas possam ter, de alguma forma, vantagens para a geração humana, como a prevenção de desordens e doenças genéticas, também podem resultar em efeitos negativos, como a reprodução de seres humanos com capacidades específicas no que respeita à clonagem (44). Desta forma, a biotecnologia tem questões éticas

ii. O princípio da utilidade da biotecnologia

O princípio da utilidade da biotecnologia é considerado como o segundo princípio fundamental da bioética e afirma-se que as atribuições ocultas neste princípio impedem a imposição de danos e perdas a outros e está próximo das visões conservadoras dos documentos legais e move-se no sentido da promoção do bem; mas a clonagem terapêutica e a barriga de aluguer para mulheres grávidas não se opõem neste domínio. De facto, pode dizer-se que este princípio está em sintonia com o princípio da eliminação do dano (98). Por outras palavras, as investigações não devem prejudicar os indivíduos, mas sim trabalhar a seu favor. É claro que a resposta às vantagens que a biotecnologia pode ter para o indivíduo não é clara, porque suscita muitas controvérsias (106).

iii. O princípio do fim em si mesmo do ser humano

O princípio do fim em si mesmo do ser humano na biotecnologia, que é o terceiro princípio, afirma que todos os seres humanos têm um fim em si mesmos e têm santidade como seres humanos. Assim, não estamos autorizados a desrespeitar os indivíduos ao nível de dispositivos e mesmo de animais para satisfazer os nossos objectivos de investigação na área da biotecnologia (Albers, 93). Com base na fórmula de Kant do fim em si mesmo, todas as acções que levem a utilizar a humanidade como um mero meio e não como fim em si mesmo são proibidas e imorais. Há várias interpretações do fim em si mesmo da humanidade: não fazer nada sobre um ser humano sem o seu conhecimento; respeitar a sua liberdade, vontade e independência; ajudar a sua felicidade; e respeitar a humanidade dos outros (Hawking, 88). Assim, com base na fórmula de Kant do fim em si mesmo, são proibidas quaisquer operações biotecnológicas que desrespeitem a humanidade dos seres humanos como um mero meio para outros fins.

Por conseguinte, se a clonagem e a engenharia genética forem efectuadas para algum tipo de fins ilegais, como a guerra ou em tempo de paz, então não são autorizadas, mas quando se trata de reproduzir órgãos transplantados, são autorizadas porque a humanidade não é um mero meio (Herman, 85).

iv. Princípio da reciprocidade

Os princípios da reciprocidade na biotecnologia em geral, afirmam que "age para com os outros como desejas que te façam" no aspeto da clonagem e da barriga de aluguer. A fórmula da lei universal de Kant diz respeito à mesma noção. De facto, a fórmula do fim em si mesmo humano, juntamente com este princípio, pode melhorar o sistema normativo da ética de Kant (Ibekwe, 108). O princípio corrobora a proibição de experiências em biotecnologia, supondo que a atividade é perigosa e tóxica para a humanidade. É claro que é digno de nota que o princípio encontra um desafio básico na área da clonagem; porque, basicamente, a possibilidade de reciprocidade entre o indivíduo clonado e o investigador que o reproduz é negada, ou seja, ambos não estão em condições de igualdade, proporcionando reciprocidade a ambos, mas a não intencionalidade do indivíduo clonado torna-se o objetivo da investigação e o resultado é a sua presença diferente no mundo da existência (Ibekwe, 113)

v. Princípio do consentimento

Um dos princípios fundamentais da bioética é o princípio do consentimento. O consentimento do indivíduo é uma das questões das experiências biotecnológicas, especialmente na clonagem, engenharia genética, colheita de órgãos e barriga de aluguer. A questão considera o consentimento da vítima; ou seja, se a pessoa que vai ser submetida a essa experiência ou operação está satisfeita com a operação e permite o método de operação não natural? Obviamente, no caso da clonagem, a resposta à pergunta é desconhecida, porque o clone não existe na altura da operação de clonagem e não pode dizer nada sobre o assunto e, após o nascimento, a operação está concluída e terminada (Purugganan, 56).

4.2 A santidade humana e a biotecnologia

Os casos mais claros do "respeito" kantiano pela humanidade consistem em não utilizar os outros para fins que eles não podem formalmente partilhar, ou seja, não agir sobre eles sem o seu consentimento. A impermissibilidade moral das falsas promessas, juntamente com os "ataques à liberdade e à propriedade dos outros", decorre diretamente e sem problemas, na perspetiva de Kant, desta fórmula. É fácil ver a atração de Kant, de uma perspetiva política liberal, dada a congruência entre o seu pensamento moral e a insistência liberal tradicional no direito à vida, à liberdade e à procura de propriedade e/ou felicidade. A força e a influência peculiares dos princípios kantianos nos argumentos contemporâneos a favor da escolha de patentes e do consentimento informado são especialmente evidentes (Cole-Turner, 57).

Os efeitos da biotecnologia em detrimento da santidade da vida humana podem ser vistos na posição de Albert Schweitzer sobre a reverência pela vida humana. A noção de Schweitzer baseava-se na sua convicção de que todos os seres humanos são dignos de respeito e dignidade, independentemente das suas circunstâncias. Acreditava que todas as pessoas têm o direito de viver as suas vidas de acordo com os seus próprios valores e crenças, e que devem poder fazer as suas próprias escolhas sobre a forma como vivem e morrem. Relativamente à biotecnologia, Schweitzer acreditava que tinha o potencial de melhorar a vida de muitas pessoas, mas que devia ser utilizada com cautela. Preocupava-se com a possibilidade de abuso e com o facto de a biotecnologia poder ser utilizada para criar seres humanos "superiores" (Schweitzer, 12).

Mais pormenorizadamente, a visão de Schweitzer sobre a santidade da vida humana significava que ele se opunha a qualquer tecnologia que pudesse ser utilizada para criar ou manipular a vida humana. Acreditava que os seres humanos não deviam ser tratados como um meio para atingir um fim e que a criação de "bebés de design" ou de seres humanos geneticamente modificados era uma afronta à dignidade humana. Também se mostrou preocupado com as implicações éticas das tecnologias médicas que poderiam ser utilizadas para prolongar a vida indefinidamente, pois acreditava que a morte era uma parte natural e necessária da experiência humana. De um modo geral, Schweitzer via a biotecnologia como um instrumento poderoso que podia ser utilizado tanto para o bem como para o mal. A visão de Schweitzer sobre a santidade da vida humana e a sua abordagem à biotecnologia foram profundamente influenciadas pela sua própria fé cristã (Schweitzer, 15).

Mais uma vez, Karol Wojtyla, mais tarde conhecido como Papa João Paulo II, partilhava muitas das preocupações de Albert Schweitzer sobre a biotecnologia e a santidade da vida humana. No entanto, os seus pontos de vista foram informados pela sua fé católica e adoptou uma abordagem ligeiramente diferente da questão. Tal como Schweitzer, João Paulo II acreditava que toda a vida humana é sagrada e merecedora de respeito e dignidade. No entanto, também defendia que a tecnologia devia ser utilizada para melhorar a vida das pessoas, desde que não violasse a santidade da vida humana ou criasse uma "raça superior" de seres humanos (Coughlin, 21).

João Paulo II acreditava que a biotecnologia deveria ser utilizada para promover a saúde e o bem-estar de todas as pessoas, mas não à custa da sua dignidade e liberdade. Estava particularmente preocupado com a utilização da biotecnologia para criar "bebés de design" e para selecionar caraterísticas específicas, como a inteligência ou a aparência física. Também advertiu contra a utilização da biotecnologia para prolongar indefinidamente a vida humana e acreditava que os seres humanos deviam aceitar a morte como uma parte natural da vida (Coughlin, 23). Acreditava que a morte não era o fim da existência, mas sim uma transição para uma vida nova e eterna. No entanto, as opiniões de João Paulo II sobre a biotecnologia e a santidade da vida humana faziam parte de uma visão mais alargada da dignidade da pessoa humana. Ele acreditava que todas as pessoas foram criadas à imagem de Deus e que cada pessoa tem um valor e um objetivo únicos na vida. Acreditava que este valor deveria ser respeitado e protegido, mesmo quando se trata de decisões sobre a utilização da biotecnologia. Também acreditava que a dignidade de uma pessoa não deveria ser reduzida às suas necessidades físicas ou materiais, mas sim baseada no seu valor espiritual e moral (Coughlin, 25).

4.3 A tecnologia e a ciência da biotecnologia

A tecnologia melhorou as actividades da biotecnologia de várias formas. Um dos desenvolvimentos tecnológicos mais significativos no domínio da biotecnologia foi o aparecimento da inteligência artificial (IA). A IA tem o potencial de revolucionar muitos aspectos da biotecnologia, desde a descoberta de medicamentos até à edição de genes. Pode analisar grandes quantidades de dados genéticos, identificar padrões e correlações e gerar novas hipóteses. Também pode ser utilizada para conceber novas moléculas ou sequências genéticas e para simular o comportamento dos sistemas biológicos. A IA está também a ser utilizada para criar interfaces inteligentes para a biotecnologia, tais como assistentes virtuais que podem orientar os investigadores através de fluxos de trabalho complexos. Em suma, a IA está a mudar a forma como a biotecnologia está a ser feita, tornando-a mais rápida, mais precisa e fiável.

Outro avanço tecnológico fundamental na biotecnologia foi o desenvolvimento de tecnologias "ómicas", como a genómica, a proteómica e a metabolómica. Estas tecnologias permitem a análise em grande escala de genomas, proteínas e metabolitos, respetivamente. Isto conduziu a uma compreensão mais profunda dos mecanismos moleculares subjacentes à saúde e à doença humana e abriu novas possibilidades para o desenvolvimento de uma medicina personalizada. Por exemplo, a genómica tornou possível a identificação de variantes genéticas associadas a doenças como o cancro, enquanto a proteómica permitiu a identificação de biomarcadores que podem ser utilizados para o diagnóstico e tratamento precoces. As tecnologias "ómicas" mencionadas tornaram-se possíveis graças aos avanços numa série de outras áreas tecnológicas, incluindo as tecnologias de sequenciação, a espetrometria de massa e a bioinformática. As tecnologias de sequenciação, como a sequenciação de nova geração (NGS0, nextgenration sequencing), tornaram possível sequenciar rapidamente e a baixo custo grandes quantidades de material genético. A espetrometria de massa tornou possível identificar e quantificar proteínas e metabolitos em amostras biológicas. Por último, a bioinformática permitiu o armazenamento e a análise de grandes quantidades de dados biológicos e levou ao desenvolvimento de algoritmos poderosos para analisar esses dados.

Além disso, a integração destas tecnologias levou ao aparecimento da "biologia de sistemas", que é uma nova forma de compreender os sistemas biológicos. A biologia de sistemas adopta uma abordagem holística da biologia, analisando a forma como as diferentes partes de um sistema biológico trabalham em conjunto para criar o comportamento global do sistema. Esta abordagem levou à descoberta de ligações anteriormente desconhecidas entre diferentes processos biológicos e ajudou a explicar como se desenvolvem e progridem doenças complexas como o cancro. A biologia de sistemas também levou ao desenvolvimento de novas técnicas de modelação que podem ser utilizadas para simular o comportamento de sistemas biológicos e para prever os efeitos de intervenções como medicamentos ou terapias genéticas.

Em conclusão, a tecnologia melhorou as actividades da biotecnologia de várias formas. Em primeiro lugar, proporcionou novos instrumentos e técnicas de manipulação do material genético, como a edição de genes CRISPR-Cas9. Em segundo lugar, tornou possível a recolha e análise de grandes quantidades de dados genéticos, conduzindo a novos conhecimentos sobre o genoma humano. Em terceiro lugar, tornou possível sintetizar novo material genético, permitindo a criação de novos organismos ou a modificação dos já existentes. Por último, tornou possível uma distribuição mais alargada da informação genética e das ferramentas biotecnológicas, tornando-as mais acessíveis aos investigadores de todo o mundo.

4.4 Crítica da biotecnologia e santidade da vida humana no século XXIst

[st]Uma das principais críticas filosóficas à biotecnologia no século XXI é que esta pode minar a santidade da vida humana, tratando os seres humanos como objectos a manipular e controlar. Uma das preocupações é que a biotecnologia possa conduzir a um "admirável mundo novo" em que os seres humanos sejam clonados, geneticamente modificados e "desenhados" para se adaptarem a determinadas especificações. Isto poderia levar a uma sociedade em que a vida humana já não é vista como sagrada, mas sim como algo a ser manipulado e optimizado em prol da eficiência ou do lucro. Alguns críticos também receiam que a biotecnologia possa levar à criação de "super-humanos" que sejam superiores aos outros em termos das suas capacidades físicas e mentais (Fukuyama, 21). Há críticas notáveis por parte de alguns académicos. Alguns críticos também levantaram preocupações sobre o potencial da biotecnologia para conduzir a uma maior desigualdade. Argumentam que o acesso à biotecnologia será provavelmente limitado àqueles que a podem pagar, conduzindo a um "fosso biotecnológico" entre ricos e pobres. Argumentam também que a biotecnologia pode levar ao desenvolvimento de uma "subclasse biológica" que é excluída dos benefícios das novas tecnologias. Isto poderia exacerbar ainda mais as desigualdades existentes e criar novas desigualdades (Fukuyama, 25). Estes críticos argumentam que devemos considerar cuidadosamente as potenciais consequências sociais e éticas da biotecnologia antes de a adoptarmos.

Um notável filósofo e bioeticista, Leon Kass, defende que a biotecnologia representa uma "grande rutura moral" que pode levar à destruição do "mistério e majestade" da vida humana. Defende que os seres humanos não devem ser tratados como "matéria-prima" a ser manipulada e que a busca da perfeição tecnológica pode levar à destruição da dignidade humana. Alerta também para o facto de a biotecnologia poder levar à criação de uma "cultura de consumo da reprodução", em que os pais tentam criar "bebés de design" com caraterísticas específicas, em vez de aceitarem a aleatoriedade e o mistério da vida (Kass, 34).

Além disso, outro crítico proeminente da biotecnologia é o bioeticista Francis Fukuyama, que argumentou que esta poderia levar à erosão da liberdade e autonomia humanas. Fukuyama argumenta que a biotecnologia pode conduzir a uma "corrida ao armamento genético", em que as pessoas se sentem pressionadas a utilizar a biotecnologia para dar aos seus filhos uma vantagem sobre os outros. Fukuyama argumenta que esta situação conduziria a uma sociedade em que as pessoas são tratadas como meros meios para atingir um fim, em vez de serem consideradas fins em si mesmas. Alerta também para o facto de a biotecnologia poder levar à criação de uma "elite tecnológica" que controla a vida dos outros (Fukuyama, 29).

Mais uma vez, o filósofo Jurgen Habermas também tem criticado a biotecnologia, argumentando que esta pode levar ao "desencantamento" do corpo humano. Habermas argumenta que a biotecnologia pode levar a uma visão do corpo como uma máquina que pode ser alterada e melhorada, em vez de uma entidade única e individual. Também argumenta que a biotecnologia pode levar à mercantilização da vida humana, uma vez que a informação genética pode ser utilizada para fins comerciais. Habermas alerta para o facto de isto poder levar à perda da dignidade humana e à perda de um sentido de "identidade humana autêntica" (Habermas, 13).

Além disso, Sandel, um filósofo e autor do livro "The Case Against Perfection" (O caso contra a perfeição) criticou a biotecnologia com base na ideia do "equívoco terapêutico". Esta é a ideia de que as pessoas tendem a ver a biotecnologia apenas em termos dos seus potenciais benefícios, sem considerar as potenciais consequências negativas. Sandel argumenta que este facto pode levar a uma desconsideração das implicações éticas e sociais da biotecnologia. Também argumenta que a biotecnologia pode levar a um "essencialismo genético" que vê os genes como o único fator determinante do comportamento e das caraterísticas humanas (Sandel, 20). Isto pode levar a uma perda de responsabilidade pessoal e a um enfoque no determinismo genético em vez da ação individual. Em pormenor, Sandel argumenta que o "equívoco terapêutico" pode levar à ideia de que tudo o que pode ser feito deve ser feito, independentemente das consequências. Utiliza o exemplo dos testes genéticos pré-natais para ilustrar este ponto. Embora esses testes possam ser utilizados para identificar e tratar doenças genéticas, também podem ser utilizados para selecionar caraterísticas "desejáveis". Isto pode levar a uma situação em que os pais escolhem os seus filhos com base na sua constituição genética, em vez de os criarem como indivíduos únicos. Sandel argumenta que se trata de uma violação da dignidade e da individualidade humanas (Sandel, 21).

[st]No século XXI, têm sido feitas várias críticas à biotecnologia, mas as que se seguem representam todos os argumentos actuais que criticam a prática da biotecnologia moderna.

4.5 Implicações jurídicas da biotecnologia

Para além das preocupações éticas, há também uma série de implicações jurídicas associadas à biotecnologia. Um dos principais problemas é a questão de saber a quem pertence a informação genética. Atualmente, a informação genética é considerada um tipo de propriedade que pode ser comprada, vendida e patenteada. No entanto, há quem defenda que esta mercantilização da informação genética não é ética e pode levar a uma situação em que algumas pessoas têm mais controlo sobre a sua informação genética do que outras (Hodgson, 1). Há também questões sobre quem tem o direito de controlar a utilização da informação genética e se esse direito deve ser limitado por questões de privacidade.

De igual modo, outra questão jurídica associada à biotecnologia é a questão da responsabilidade pelos danos causados pela modificação genética. Por exemplo, se um organismo geneticamente modificado causar danos ambientais ou doenças humanas, quem é responsável? Será a empresa que desenvolveu o organismo, o agricultor que o plantou ou o consumidor que o comprou? Há também questões sobre o estatuto jurídico dos organismos geneticamente modificados. Por exemplo, são considerados seres vivos ou propriedade? E o que acontece se escaparem do laboratório e entrarem na natureza? Estas são questões jurídicas complexas que terão de ser resolvidas à medida que a biotecnologia se for generalizando (Hodgson, 3).

Outra questão jurídica associada à biotecnologia é a questão dos direitos de propriedade intelectual. Muitas empresas de biotecnologia estão a tentar patentear as suas descobertas genéticas, e há um debate sobre se isso é ético ou legal. Alguns argumentam que patentear genes é semelhante a patentear a própria vida e que tal não deve ser permitido. Outros defendem que não deve ser permitido. Outros argumentam que, sem a possibilidade de patentear as suas descobertas, as empresas não terão incentivos para investir na investigação biotecnológica. Esta questão é complexa e deu origem a uma série de processos judiciais. Por exemplo, nos Estados Unidos, o caso da Association for Molecular Pathology v. Myriads Genetics, Inc. envolveu uma patente sobre o gene (Hodgson, 5). Além disso, os genes BRCA1 e BRCA2, que estão ligados ao cancro da mama e dos ovários. O Supremo Tribunal decidiu que os genes que ocorrem naturalmente não podiam ser patenteados, mas o ADN sintético criado em laboratório podia ser patenteado. Esta decisão tem implicações para outras patentes de genes e suscitou um debate sobre a ética da patenteação de genes. À medida que a biotecnologia continua a desenvolver-se, estas questões jurídicas tornar-se-ão mais complexas e importantes. Terão de ser resolvidas para garantir que os benefícios da biotecnologia são partilhados de forma justa e que os riscos são minimizados (Hodgson, 6).

Consequentemente, uma última questão jurídica relacionada com a biotecnologia é a regulamentação dos organismos geneticamente modificados. Nos Estados Unidos, a Food and Drug Administration (FDA) regula os alimentos geneticamente modificados, enquanto a Environmental Protection Agency (EPA) regula a libertação de organismos geneticamente modificados no ambiente. No entanto, estes regulamentos são frequentemente criticados por serem demasiado frouxos e há quem defenda que devem ser reforçados para melhor proteger o público de potenciais riscos. Por exemplo, existe a preocupação de que as culturas geneticamente modificadas possam efetuar polinização cruzada com culturas não modificadas, ou que a disseminação de organismos geneticamente modificados possa ter consequências ecológicas imprevistas (Hodgson, 7).

4.6 Implicações da biotecnologia para a saúde e a psicologia

As implicações da biotecnologia para a saúde e a psicologia são outra área importante de preocupação. Uma das questões é o potencial de discriminação genética, em que as pessoas são tratadas de forma diferente com base na sua composição genética. Por exemplo, os empregadores ou as companhias de seguros podem utilizar a informação genética para discriminar pessoas com determinadas condições genéticas. Isto pode levar a que seja negado o emprego ou o seguro de saúde a pessoas com base nos seus genes, mesmo que não tenham desenvolvido quaisquer sintomas da doença. Trata-se de uma preocupação ética importante, uma vez que pode impedir as pessoas de receberem os cuidados de que necessitam e pode conduzir a uma maior desigualdade na sociedade

(Hayes, 30).

No entanto, uma das implicações da biotecnologia para a saúde e para a psicologia é a questão dos bebés de design. Embora não exista atualmente a tecnologia para criar bebés geneticamente modificados, alguns especialistas acreditam que é apenas uma questão de tempo até que tal seja possível. Este facto levanta uma série de questões éticas. Será que os pais têm o direito de escolher as caraterísticas dos seus filhos ou será que isto conduziria a "bebés de design" que só são valorizados pelas suas caraterísticas particulares? Será que isto levaria a uma maior pressão sobre os pais para utilizarem esta tecnologia, ou criaria uma sociedade a dois níveis, em que apenas aqueles que a podem pagar têm acesso a ela? (Hayes, 33). Estas são questões complexas que terão de ser abordadas.

Mais uma vez, outra implicação da biotecnologia para a saúde e a psicologia é o potencial para consequências não intencionais. Mesmo que uma nova tecnologia seja desenvolvida com a melhor das intenções, pode ter efeitos inesperados e potencialmente prejudiciais. Por exemplo, um novo tratamento para uma doença pode ter efeitos secundários que não são imediatamente visíveis. Ou uma cultura geneticamente modificada pode ter consequências indesejadas para o ambiente ou para a saúde humana. Existe também a possibilidade de a biotecnologia ser utilizada indevidamente para fins maliciosos, como a criação de vírus ou bactérias geneticamente modificados que podem ser utilizados como armas (Beauchamp, 49). Todas estas são questões importantes a considerar quando se avaliam as implicações da biotecnologia para a saúde e para a psicologia.

Consequentemente, outra implicação da biotecnologia para a saúde e para a psicologia é o potencial de "dependência tecnológica". À medida que a biotecnologia se torna mais avançada, pode tornar-se possível utilizá-la para alterar a química do nosso cérebro e mudar o nosso humor ou comportamento. Este facto levanta a questão de saber se isto pode ser considerado um tratamento para doenças mentais ou um comportamento viciante em si mesmo. Há também questões sobre a ética da utilização da biotecnologia para melhorar as capacidades humanas, como a inteligência ou o desempenho atlético (Herman, 56). Será que isto conduziria a uma sociedade em que apenas aqueles que podem pagar os melhoramentos teriam vantagem? Será que isso levaria a um aumento da pressão sobre as pessoas para as melhorar, a fim de as acompanhar?

4.7 A importância da biotecnologia para a santidade da vida humana

A biotecnologia pode ser vista simultaneamente como uma ameaça e uma promessa para a santidade da vida humana. Por um lado, tem o potencial de curar doenças, prolongar a vida e melhorar a qualidade de vida de muitas pessoas. No entanto, também tem o potencial de ser mal utilizado de formas que podem violar a santidade da vida humana. Não obstante as várias consequências da biotecnologia, esta tem o potencial de ajudar ou servir grandemente os seres humanos em algumas ramificações.

Um dos potenciais benefícios da biotecnologia é a capacidade de estimular ou tratar doenças que anteriormente eram incuráveis. Por exemplo, a terapia genética está a ser utilizada para tratar uma série de doenças genéticas, incluindo algumas formas de cegueira e hemofilia. A investigação em células estaminais também está a ser utilizada para desenvolver tratamentos para doenças como lesões na espinal medula, doença de Parkinson e doença de Alzcheimer. Além disso, a biotecnologia está a ser utilizada para criar novas vacinas e terapias para doenças infecciosas, como a malária e o VIH/SIDA. Outro benefício potencial da biotecnologia é a capacidade de melhorar a produção alimentar e reduzir a fome no mundo.

De igual modo, outro benefício potencial da biotecnologia é o desenvolvimento de novos e melhores medicamentos. O desenvolvimento tradicional de medicamentos é um processo lento e dispendioso que pode levar anos a ser concluído. No entanto, a biotecnologia está a ser utilizada para acelerar o processo, recorrendo a ferramentas como a modelização informática e o rastreio de elevado rendimento. Isto tem o potencial de reduzir o tempo e o custo do desenvolvimento de novos medicamentos e de os disponibilizar mais rapidamente aos doentes. Além disso, a biotecnologia está a ser utilizada para criar medicamentos personalizados que são adaptados à composição genética específica de cada doente. Isto poderá conduzir a tratamentos mais eficazes com menos efeitos secundários.

Mais uma vez, o benefício potencial da biotecnologia pode ser visto no seu potencial para melhorar a agricultura e aumentar a produção alimentar. Por exemplo, foram desenvolvidas culturas geneticamente modificadas que são resistentes a pragas e doenças, requerem menos água e fertilizantes e têm maior rendimento. Estas culturas poderão ajudar a satisfazer a procura crescente de alimentos, à medida que a população mundial continua a aumentar. Além disso, a biotecnologia está a ser utilizada para desenvolver novos e melhores fertilizantes e pesticidas que são mais eficazes e menos prejudiciais para o ambiente. Por exemplo, algumas empresas estão a desenvolver fertilizantes "inteligentes" que libertam os nutrientes mais lentamente, reduzindo a quantidade de fertilizante que acaba nos cursos de água.

No entanto, outro benefício potencial da biotecnologia é o seu potencial para melhorar o ambiente. Por exemplo, a bioremediação é uma técnica que utiliza micróbios para limpar locais contaminados. Esta técnica pode ser utilizada para limpar derrames de petróleo, aterros sanitários e outras áreas contaminadas. Além disso, a biotecnologia está a ser utilizada para criar processos industriais "mais ecológicos" que utilizam menos energia e produzem menos resíduos. Por exemplo, estão a ser utilizadas bactérias geneticamente modificadas para produzir produtos químicos e materiais que, de outra forma, seriam fabricados a partir de combustíveis fósseis. Isto pode ajudar a reduzir o impacto ambiental do fabrico e a reduzir a nossa dependência dos combustíveis fósseis.

CAPÍTULO CINCO:
RESUMO E CONCLUSÃO

5.1 Resumo

As aplicações da biotecnologia são tão vastas e as suas vantagens tão atraentes que praticamente todas as indústrias utilizam esta tecnologia, mas, apesar disso, ela continua a ser alvo de muitas críticas com base nas suas desvantagens ou efeitos negativos, que não se coadunam com a santidade da vida humana. [st]Estão em curso desenvolvimentos em áreas tão diversas como os produtos farmacêuticos, os diagnósticos, os têxteis, a aquicultura, a silvicultura, os produtos químicos, os produtos domésticos, a limpeza ambiental, a transformação de alimentos e a ciência forense, para citar apenas alguns, mas todos estes avanços na biotecnologia são alvo de várias críticas baseadas na sua base ética, que negligencia a santidade da vida humana no século XXI. A biotecnologia está a permitir a estas indústrias fabricar um produto novo ou melhor, muitas vezes com maior rapidez, eficiência e flexibilidade. A biotecnologia é muito promissora para o futuro, mas qualquer sector apresenta um certo grau de risco. A biotecnologia deve continuar a ser cuidadosamente regulamentada, de modo a obter o máximo de benefícios com o mínimo de riscos que deteriorem e negligenciem a santidade da vida humana.

Embora a biotecnologia esteja numa encruzilhada em termos de aceitação pública. Muitas sociedades e personalidades ainda não formaram uma opinião sólida sobre esta questão complexa, enquanto outras discordaram e contestaram o ato como um ato hediondo e horrendo que destrói a dignidade e a santidade da vida humana. A biotecnologia tem sido alvo de muitas críticas baseadas nas implicações éticas, religiosas e sociais das actividades.

No primeiro capítulo, o estudo apresenta de forma lúcida os antecedentes da biotecnologia como tecnologia que actua sobre a vida, ao mesmo tempo que levanta questões críticas sobre os efeitos da biotecnologia na santidade da vida. O capítulo dois conduziu-nos à revisão da literatura de livros, revistas e artigos relacionados, a fim de explorar as questões da biotecnologia. O capítulo três centra-se nos conceitos e no significado da biotecnologia e nos seus efeitos sobre a santidade da vida humana. Em seguida, o capítulo quatro oferece uma crítica total da biotecnologia, ao mesmo tempo que levanta os efeitos éticos, religiosos, jurídicos e psicológicos da biotecnologia sobre a vida humana no mundo contemporâneo. O capítulo cinco apresenta uma radiografia sinóptica do que foi alcançado no decurso do trabalho de investigação e, em seguida, apresenta uma conclusão total, afirmando veementemente que a biotecnologia não é imoral, mas que a sua aplicação e utilização devem ser reguladas por estratégias éticas e jurídicas, uma vez que, se não forem reguladas, tendem a afetar o homem e o mundo.

5.2 Conclusão

No decurso desta investigação, analisámos uma Crítica da Biotecnologia Moderna e da Santidade Humana. Discutimos a atividade da biotecnologia e explorámos os seus antecedentes, ao mesmo tempo que referimos as suas vantagens e desvantagens. Discutimos as implicações religiosas e jurídicas, sanitárias e psicológicas da ciência da biotecnologia na santidade da vida humana. Esta investigação mostrou o debate a favor e contra a ciência da biotecnologia a partir da posição liberal e conservadora. Os liberais defendem que a ciência da biotecnologia se baseia nos direitos e na liberdade dos indivíduos para se entregarem a este ato, enquanto os conservadores defendem que este ato é hediondo. [st]Mais adiante, a investigação discutiu exclusivamente em pormenor as críticas à biotecnologia no século XXI, que tendem a arruinar a santidade da vida humana, com referência a alguns pontos de vista académicos. Esta investigação afirma que a biotecnologia não é completamente um mau mecanismo ou ciência, mas a sua aplicação e utilização devem ser reguladas e escrutinadas a favor dos seres humanos, em vez de causar estragos e pôr em perigo a vida dos seres humanos na sociedade. O estudo também acredita na biotecnologia moderna através da sua análise dos efeitos positivos da biotecnologia, a fim de mostrar os impactos da biotecnologia na vida humana, mas, não obstante, defende firmemente que as actividades biotecnológicas devem ser regidas por modulações éticas e legais para evitar problemas que tendem a combater o homem no mundo. A biotecnologia não é eticamente aceite devido ao facto de não respeitar a santidade da vida humana; implica a manipulação, a exploração e a desumanização da pessoa humana, e não respeita os direitos morais ou legais da pessoa humana na sociedade.

Este trabalho é uma contribuição para o alerta global e um apelo também para expor e criticar a biotecnologia e outras pesquisas ou experiências científicas inimigas que envolvem a vida humana. o caso é que os cientistas têm feito mais mal do que bem à santidade da vida humana. a moralidade de quaisquer práticas científicas deve derivar a sua origem da lei natural, como já foi dito na exposição da implicação ética. Por conseguinte, qualquer prática científica sob a forma de biotecnologia que envolva a desumanização, a exploração e a manipulação da vida humana e da sua santidade é contrária à lei natural e à natureza humana e deve ser considerada não ética e proibida.

OBRAS CITADAS

Adams, D. K., *The Future of the Biotech Revolution [O Futuro da Revolução Biotecnológica].* Santa Barbara: ABC-CLIO Publishers, 2007.

Agar, N. *Liberal Eugenics in Bioethics,* Illinois: University of Illinois Press, Vol. 12, No.2, (1998), pp.137

Albers, M. *Biotechnology and Human Dignity: An Ethical Inquiry*, Washington D.C: Georgetown University Press, 2002.

Andrew, V. *The Main Issues in Bioethics*, Nova Iorque: Paulist Press, 1980.

Aquino, Tomás. *The Summa Theologica*, Trans. by Fathers of the English Dominican Province, London: R & T Washbourne, 1914.pp123

Beauchamp, T.L. *Ethical Issues in Biotechnology: An Introductory Text With Case Studies*, Oxford: Oxford University Press, 2003.pp134

Bergeron, B.K. *Fundamentals of Biotechnology (Fundamentos da Biotecnologia*). Londres: Prentice Hall Publishers, 2008.

Burley, R.B. *Ethical Dilemmas in Biotechnology: An Introduction*, Canadá: Routledge Publishers, 2005.pp34-137

Cole-Turner, *Transhumanism and the Common Good,* Washington D.C: Georgetown University Press, 2014.pp6-45

Colgove, C.J. *The Ethics of Biotechnology: An Introduction,* E.U.A.: John Wiley & Sons Press, 2005.pp12-87

Coughlin, J.J. "Pope John Paul II and the Dignity of Human Being" *Havard Journal of Law & Public Policy.* Vol.27. No.2. (2003). pp65-80.

Demain, A & Dana, C. "History of Industrial Biotechnology: The Emergence of an Industry" *Journal of Biotechnology and Bioengineering.* Vol. 41, No.1 (1992).

Darnovsky, M. *Genetic Engineering and the Future of Human Nature,* Cambridge: MIT Press, 2007.pp7-67

David, W.C., *Biotechnology and the Sanctity of Human Life.* E.U.A.: University of Michigan Press, 2004.pp28

Enright, C.A. e Lyon, A.J. *Biotechnology: A Multidisciplinary Approach. New* Jersey: John Wiley & Sons Publishers, 2010.

Fukuyama, F. *Our Posthuman Future: Consequences of the Biotechnology Revolution*, Nova Iorque: Farrar, Straus and Giroux. 2002.pp23

Gardiner, S.M e Johnson, P.A. *Ethics in Biotechnology: An Introduction.* London: Cambridge University Press, 2009.pp42

Habermas, J. *The Future of Human Nature.* Cambridge: Polity Press, 2003.

Hatten, J.R. *Biotecnologia: The Science and Business of Exploiting Biological Processes .* Loiusiana: CRC Press, 2003.pp17

Hawking, S. *A Brief History of Time (Uma breve história do tempo).* New York: Bantam Books, 1988.

Hayes, E.J. "Biotechnology and Human Dignity, A Necessary and Compatible Union" (Biotecnologia e dignidade humana, uma união necessária e compatível). *Revista de Direito e Política dos Cuidados de Saúde.* Vol.6. No.2 (2003)pp31.

Herman, B. The Ethics of Invention: Technology and the Human Future. América: University of Chicago Press, 2008.pp34

Hodgson, C.P. "Social and Legal issues of biotechnology". *Ohio Journal of Science.* Vol.87. No.5. (1987).p1-7.

Ibekwe, E.U. "Questioning the Central Concept of Reitification and Ontology of Human Dignity" [Questionando o conceito central de retificação e ontologia da dignidade humana]. *Revista de Filosofia e Ética.* Vol.1.No.2. (2019).pp39-47.

Karvonen, A. *Biotecnologia: Its Structure, Organization, and Control.* Canadá: University of Toronto Press, 2004.pp5-67

Kass. L.R. *Life, Liberty and the Defense of Dignity: The Challenge of Bioethics.* São Francisco: Encounter Books, 2002.pp13-56

Kurata, N. *Biotechnology and Human Dignity,* Hokkaido: Hokkaido University Press, 2016.pp 36-40.

Moore, E.G. *Chambers Encyplopedia.* Volxi. Londres, Pegamon Press Ltd, 1923.pp120

Mukherjee, S. *The Gene: An Intimate History [O Gene: Uma História Íntima*]. New York: Simon & Schuster Publishers, 2016.pp 56

Purugganan, M. D., *Genetic: Do gene ao genoma.* New York: W.W. Norton & Company, 2016.pp37

Sandel, M. *The Case for Perfection: Ethics in the Age of Genetic Engineering [A Ética na Era da Engenharia Genética].* Boston:

Houghton Mifflin Harcout, 2017.pp21

Schweitzer, A. *Reverence for Life [Reverência pela Vida].* New York: Macmillan Publishers, 1923.pp67

Smith, W.J. A *Consumer's Guide to a Brave New World: A Guide to the Human Side of Genetic Engineering [Um Guia para o Lado Humano da Engenharia Genética].* Nova Iorque: Encounter Books, 2004.

Theresa, S. *The Ethics of Scientific Research on Human Subjects (A Ética da Investigação Científica em Sujeitos Humanos).* London: Cambridge University Press, 2009.

Thompson, P. Food and Agricultural Biotechnology: ethical issues behind research policy choices, Relatório IPSTS. No.50, CCI Serville. (2000).

Thompson, W.A. *A Dictionary of Medical Ethics and Practice (Dicionário de Ética e Prática Médica).* Bristol: John Wright and Sons Ltd, 1977.pp53

Walker, J. & Walker, M. *Biotechnology: A textbook of Industrial Microbiology, Fermentation and Biochemical Engineering.* Inglaterra: Leeds University Press, 2013.pp47

ÍNDICE DE CONTEÚDOS

Printed by Books on Demand GmbH, Norderstedt / Germany